Vue.js 3.x + Express 全栈开发

从0到1打造商城项目

张益珲 编著

清華大学出版社
北 京

内 容 简 介

本书是一本详尽的全栈开发教程，旨在通过 Vue.js 和 Express 框架引导读者从零开始构建一个完整的电商项目。内容覆盖电商项目的基本结构，以及 Vue.js 和 Express 的核心概念与架构；深入讲解 Vue.js 开发生态中的关键模块，包括网络请求、UI 组件、路由管理和状态管理等；探讨 Express 框架的常用组件，如处理加密数据的中间件和与 MySQL 数据库交互的插件；最后指导读者打造一个完整的电商项目。在用户端，实现注册登录、商品浏览、购物车等功能；在服务端，完成用户验证、商品维护、订单处理等任务；在后台管理端，进行商品信息、订单数据等的管理与统计分析。通过阅读本书，读者能够掌握 Vue.js 和 Express 全栈开发技术，并独立完成电商项目的搭建与开发。本书还提供了完整的项目源码、代码导读手册以及长达 30 小时的教学视频，可大幅提升学习效率。

本书采用实际商业项目作为教学案例，融入了多种前端框架和新技术，非常适合缺乏项目经验的学生和对全栈开发感兴趣的开发者阅读，也适合作为培训机构和大中专院校相关专业的实践课教学用书。

图书在版编目（CIP）数据

Vue.js 3.x+Express 全栈开发 : 从 0 到 1 打造商城项目 / 张益珲编著. -- 北京 : 清华大学出版社, 2024. 6.
ISBN 978-7-302-66570-0
Ⅰ. TP393. 092. 2
中国国家版本馆 CIP 数据核字第 2024GW1946 号

责任编辑：王金柱 秦山玉
封面设计：王 翔
责任校对：闫秀华
责任印制：丛怀宇

出版发行：清华大学出版社
网 址：https://www.tup.com.cn，https://www.wqxuetang.com
地 址：北京清华大学学研大厦 A 座 邮 编：100084
社 总 机：010-83470000 邮 购：010-62786544
投稿与读者服务：010-62776969，c-service@tup.tsinghua.edu.cn
质 量 反 馈：010-62772015，zhiliang@tup.tsinghua.edu.cn

印 装 者：三河市君旺印务有限公司
经 销：全国新华书店
开 本：190mm×260mm **印 张：**16.5 **字 数：**445 千字
版 次：2024 年 7 月第 1 版 **印 次：**2024 年 7 月第 1 次印刷
定 价：89.00 元

产品编号：103774-01

前　　言

随着互联网的蓬勃发展，越来越多的企业选择将传统的实体店转移至线上电商平台，以满足消费者日益增长的线上购物需求，电商已成为商业领域中不可或缺的一部分。要开发一个完整的电商项目，不仅需要前端界面友好、交互流畅的用户端，还需要高效稳定的服务端和便捷实用的后台管理端。本书将带领读者通过 Vue.js+Express 全栈技术，实现一个功能完备的电商项目，从而让读者掌握全栈开发的核心技能，为未来的职业发展打下坚实的基础。

本书内容

本书共分为 9 章，从开发环境搭建开始讲起，深入浅出地介绍 Vue.js 和 Express 框架的功能及常用扩展和插件，并且以模块为维度，逐章对电商项目进行编程实现。每一章都有要完成的目标，并提供动手练习题，让读者边学边练，力求使读者快速且扎实地掌握 Vue.js+Express 完整项目开发的方方面面，并能真正地使用这些技术开发出商业级别的应用程序。

第 1 章是本书的入门，主要介绍电商项目的组成与基本功能模块、开发环境准备、Vue.js 和 Express 框架的必要知识以及项目工程的创建等。

第 2 章主要介绍 Vue.js 开发生态圈中的核心模块，主要涉及网络模块、UI 组件模块、路由模块和状态管理模块等。这些模块虽然是独立于 Vue.js 框架之外的，但却是大型项目所必备的，掌握这些模块的使用是开发 Vue.js 前端项目的基础。

第 3 章主要介绍 Express 框架下的常用组件，如处理数据加密和安全的中间件、与 MySQL 数据库交互的插件等。

第 4 章开始进入具体的项目开发部分，本章将实现电商项目的用户登录和注册模块。登录和注册模块包括客户端和后台管理端的相关页面、服务端的接口定义和实现、数据表的定义等功能。此外，本章还将介绍如何进行用户鉴权以及提高用户的数据安全性。

第 5 章主要介绍电商项目中的营销推广模块的设计与开发方法，将实现后台管理端运营位的配置以及客户端运营位的展示等逻辑，其中会涉及图片的上传和存储功能。

第 6 章将实现电商项目中核心的商品列表和商品详情模块。对于商品列表模块，除了实现数据表之外，还会实现数据库联表查询的复杂操作。对于商品详情模块，需要使用富文本编辑器来实现，在本章中也将介绍一个富文本编辑器的用法。

第 7 章将实现购物车和订单模块。购物车可以暂存用户中意的商品，订单模块则负责最终的下单以及后续的状态维护。订单模块的核心在于状态的流转，这部分也将是本章的学习重点。

第 8 章将实现搜索与评价模块。通过前面各章的学习，读者已经可以开发出一个包含全部核心功能的电商项目，但仍有一些对用户来说非常重要的功能有待开发。本章开发的搜索模块会提供给用户一个快速查找商品的功能，评价模块则允许用户对已完成订单中的商品进行反馈。

第 9 章为项目补充数据统计的能力。数据统计对电商的运营者来说非常重要，通过数据统计，运营者可以对商品的管理、运营位的管理进行决策。

通过本书的学习，读者将能够从 0 到 1 地开发出一款完整的电商项目，并且对电商项目的流程和各个技术细节有更深入的了解。虽然一个复杂的商业项目通常是由多个团队合作完成的，其中每个人可能只需要完成项目的部分功能，但是，一位优秀的工程师应该对项目的架构、技术的选型以及功能流转逻辑有着全面的把握。

本书配套资源

为方便读者学习，本书提供了丰富的配套资源，包括如下内容：

教学视频：本书的教学视频有 70 多个，播放时长达 30 小时，详细地讲解了电商项目开发的相关知识和各个模块的具体实现方法，读者扫描书中的二维码即可观看。

项目源码：提供了整个项目的源码，方便读者上机练习，读者可以扫描下面的二维码下载。

PPT 课件：提供电商项目实现的 PPT 课件，读者可以扫描下面的二维码下载。

源码导读手册：提供本书所有源码的导读，读者可以扫描下面的二维码下载。源码导读手册对本书项目的所有代码进行了详细说明，有助于读者深入理解源码的含义和设计思想。

本书适合的读者

本书适合缺少项目经验的学生、初学者以及对全栈开发感兴趣的软件开发人员使用。对于想要进一步了解电商行业运作和技术实现的产品经理、项目经理等职业人士，本书也可以作为参考和学习资源。

感谢所有支持本书出版的家人和朋友；感谢清华大学出版社的王金柱、秦山玉编辑，他们为本书的顺利出版做了大量工作。衷心希望本书能为读者带来预期的收获，帮助读者更上一层楼。

由于工作繁忙以及水平有限，书中可能存在疏漏，敬请各位读者批评指正。

张益珲
2024年04月19日，于上海

目　　录

第1章

项目概览与环境准备

本书所介绍的电商项目，其前端将使用Vue.js框架进行开发，前端项目包含用户端和后台管理端；后端则将采用Node.js平台下的Express框架进行搭建。与Vue.js的设计理念类似，Express框架也以小巧灵活为主要特点，对于快速开发中小型项目非常高效。

本章首先介绍Vue.js和Express这两个开发框架，并搭建开发项目所需要的基础环境。通过本章内容，读者将能够了解一个成熟的商业项目从0到1的全过程，并且可以将自己的理论学习经验付诸实践，完成让自己满意的编程作品。

我们一起开始这段有趣的编程之旅吧。

本章学习目标：

- 传统电商项目的功能构成。
- 了解 Vue.js 框架。
- 了解 Express 框架。
- 了解 TypeScript 语言。
- Vue.js 框架和 Express 框架的脚手架的应用。
- 安装 Node.js 环境以及 Visual Studio Code 编程工具。
- 前端和后端项目的 HelloWorld 工程解析。

1.1 项目概览

在互联网技术如此发达的今天，我们生活的方方面面几乎都有着互联网的影子。通过互联网，我们可以进行资讯阅读，也可以听音乐、看电影、进行社交通信以及游戏娱乐等。互联网使得我们的生活和工作变得更加便利和高效。在电子商务领域，互联网改变了传统的购物方式，让买家更容易找到心仪的产品，并且足不出户即可收到自己所购买的物品。同时，这也让卖家的开店成本降低，卖家能更高效地推广和销售自己的产品。相信大部分人都有过电商购物的经验，在享受电商购物带来的便利的同时，不知你是否思考过这些问题：

- 这样一个电商系统软件的架构是怎么样的？
- 在进行商品购买时，下单逻辑和购物车逻辑是如何串联在一起的？
- 商家怎么管理自己的商铺？如何进行商品的上架、下架和库存管理？
- 订单的状态是如何变更和维护的？
- 历史订单的数据保存在哪里？
- 商品的用户评价是怎么产生的？
- ……

如果你对这些问题很有兴趣，那么恭喜你，通过本项目的学习，这些疑问都将得到解答。

1.1.1 电商项目的功能构成

电商项目的核心是购物，因此所有功能都是围绕这个主题来展开的。平时我们在使用电商网站进行网络购物时，实际上使用的是整个电商项目中的客户端部分。当然，随着移动设备的普及，客户端已经不仅仅局限于网页上，iOS App、Android App也都是客户端的一部分。本书所涉及的客户端主要指网页客户端。

1. 电商客户端

对于电商客户端，将要实现的功能按照模块进行划分，可以大致得到如下几个模块：

- 用户登录和注册模块。
- 网站首页商品分类与列表模块。
- 商品搜索模块。
- 商品详情页。
- 购物车模块。
- 订单模块。
- 商品评价模块。

其中，用户登录和注册模块提供基础的用户体系支持，要在电商网站中购买商品，首先需要注册一个会员账户，像购物车、商品评价、订单等模块的功能都是和会员账户绑定的。

网站首页商品分类与列表模块主要提供商品展示能力，会员用户可以在这个功能模块中进行商品的选购。

商品搜索模块也是电商系统很重要的一部分，有些用户有很强的购物方向，通过搜索可以快速匹配到用户感兴趣的商品。

商品详情页将展示某个商品的详细信息，比如商家设置的商品介绍、商品的价格等，并且在此页面可以将商品加入购物车中。

购物车模块用来管理用户所添加到购物车的商品，方便用户进行下单。

订单模块用来管理用户所有的订单，并且用户可以实时地掌握订单的状态。

商品评价模块用来管理用户的评价。用户购买了商品后，可以在该模块对商品进行评价，其他用户可以在商品详情页看到与此商品相关的评价。

2. 后台管理系统

有了供用户使用的客户端，配套的还需要有电商商家管理员的客户端，即电商平台的后台管理系统。当一个电商项目在上线运行时，不可能让管理员通过执行代码来进行商品的维护、订单的管理等操作。因此，我们需要一个图形化的后台管理系统来为商家提供服务。对应电商客户端的功能模块，电商后台管理系统需要包含如下几个功能模块：

- 管理员的登录和注册模块。
- 商品类别的管理模块。
- 商品管理模块。
- 用户评价管理模块。
- 订单的管理模块。
- 财务管理及数据统计模块。

后台管理系统需要管理员来进行具体的管理操作，因此需要有管理员登录和注册系统。管理员在后台管理系统中可以对商品类别和商品进行添加或删除操作，对商品的评价进行审核，等等。相比用户端，后台管理端的主要服务对象是商家，因此少不了要有一些数据报表的服务，以帮助商家更方便地了解电商业务的运营情况。

3. 服务后端与支付功能

一个完整的电商系统，除了有用户端和后台管理端两个前端外，还需要有一个服务后端来提供数据存储、数据处理等逻辑，例如用户数据的存储、商品数据的存储等，并且将这些操作封装为接口提供给前端使用。这也是本项目需要完成的。

本项目中所涉及的支付部分并不真正接入，只做模拟。在实际项目中，支付通常可以接第三方的支付平台，例如银联支付、微信支付、支付宝支付等。这些支付平台的接入也很简单，每种支付方式都有完整的官方文档和客服人员提供支持，本书不涉及这部分内容。

总之，我们最终要完成的是一个功能简约但完整的电商系统，在客户端，用户可以完整地登录注册、浏览商品、下单等；在后台管理端，管理员可以自主添加商品、管理评价等。

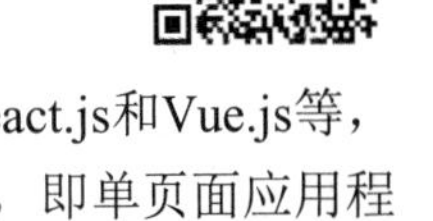

1.1.2　前端框架 Vue.js 及其周边工具

自2010年开始，相继出现了多个影响深远的前端开发框架，如Angular、React.js和Vue.js等，这些框架的应用，开启了互联网网站开发的SPA（Single Page Application）时代，即单页面应用程序时代，这也是当今互联网Web应用开发的主流方向。

在众多前端开发框架中，Vue.js尤其在中国获得了广泛的支持。它不仅被企业广泛采用，还经常出现在学校的教学课程中，拥有庞大的用户群体。这种普及程度使Vue.js成为国内最流行的前端框架之一。正因如此，本书选择Vue.js作为主要的前端项目开发框架，希望借助其广泛的社区支持和丰富的应用实例，帮助读者更有效地学习和掌握前端开发技术。

Vue.js被定义为渐进式的JavaScript框架，所谓渐进式，是指其被设计为可以自底向上逐层应用。我们可以只使用Vue.js框架中提供的某层的功能，也可以与其他第三方库整合使用。当然，Vue.js本身也提供了完整的工具链，使用其全套功能进行项目的构建也非常简单。

在使用Vue.js之前，需要掌握基础的HTML、CSS和JavaScript（或者TypeScript）的相关基础技能。Vue.js的渐进式性质使其使用变得非常灵活，在使用时，我们可以使用其完整的框架，也可以只使用其部分功能。一个完整的前端项目通常会包含UI界面、网络能力、路由管理能力、状态管理能力等。在本项目中，我们将使用Vue.js生态圈中的提供这些功能的插件。下面对这些插件进行简要介绍。

1. Element Plus

Element Plus是一款基于Vue.js 3的面向设计师和开发者的UI组件库，提供了大量功能强大、使用简洁的组件，让开发者搭建UI页面变得非常高效。

2. axios

axios本身是一个使用promise封装的HTTP网络库，可以在浏览器或Node.js环境中运行。它通过Promise类型的API来处理HTTP请求和响应，包括请求发送、请求和响应的拦截处理、数据解析等功能。vue-axios是基于Vue封装的axios网络工具库，在Vue前端项目中可以使用它来与后端服务进行交互。

3. Vue Router

Vue Router是Vue.js框架配套的前端路由插件，为Vue.js项目提供了可配置的、动态的路由管理功能。

4. Pinia

Pinia是Vue.js状态管理工具插件，相较于Vuex，Pinia提供了更简单的API，并且提供了组合式API风格的实践用法。目前它也是Vue.js官方最为推荐的状态管理工具。

上面提到的这些插件在后续章节都会使用，到时再做详细介绍。即使之前没有使用过这些框架也没有关系，我们会以项目驱动的方式进行介绍，相信读者在使用的过程中可以快速理解与掌握相关技能。

1.1.3　熟悉 Node.js 与 Express

提到JavaScript技术栈，不得不提Node.js运行环境。在Node.js出现之前，JavaScript常常被认为是一种玩具语言，当时JavaScript编写的程序主要是为了配合HTML来增强网页的交互性，使其在浏览器中提供更佳的用户体验。因此JavaScript的应用场景十分有限。2009年5月，Node.js发布，它本身是一个基于Chrome V8引擎的JavaScript运行环境，采用了事件驱动、非阻塞式的I/O模型。Node.js的出现，V8引擎功不可没，V8引擎使用的最新编译技术使得JavaScript脚本语言编写的代码的运行速度得到了极大的提升。我们知道，一个语言的应用场景是和其性能表现相关的，性能的提升为JavaScript语言带来了更多用武之地，有了Node.js，JavaScript语言编写的程序可以脱离浏览器而单独运行，可以用于开发Web服务、桌面应用、移动端应用以及终端命令行工具等。

对于本书将要完成的电商项目，我们就将使用Node.js平台来搭建后端服务，为电商网站的用户端和后台管理端提供数据服务支持。

Express是Node.js平台上的一款极简的Web开发框架。通过Vue.js+Express的技术栈组合，可以让我们使用一致的编程语言和设计思路来进行项目的构建，从而更好地理解一个完整项目的前后端开发流程。另外，这也减少了编程语言和编程思想的学习障碍，使得我们能更轻松地完成整个项目。

下面，我们再来详细看一下Express这个框架。Express可用来构建Web应用程序，简单来说，它可以帮助我们以最小的规模和极大的灵活度来构建功能完整的Web应用。这是十分重要的，对于初学者来说，保持最小规模可以减少很多不必要的干扰，更聚焦于逻辑设计本身。Express框架虽然小巧，但其性能并不差，用来构建一般的商业应用也完全没有问题。

使用Express搭建一个Web应用非常简单，只需要创建一个Express应用实例，然后设置要监听的端口号即可。一个Express应用实例可以设置多个路由函数，当用户向浏览器中输入地址访问某个网页时，或者直接使用网络API来向某个接口请求数据时，就会在Express应用的路由系统中进行匹配，当匹配到合适的路由后，就会执行对应的路由方法处理逻辑，并且可以返回数据到客户端。Express应用返回给客户端的可以是普通的文本数据，也可以是HTML数据、JSON数据或其他格式的数据。我们可以根据客户端和服务端的约定来选择合适的数据格式。后面小节中我们会具体演示Express应用的创建。图1-1描述了一个Express应用的运行流程。

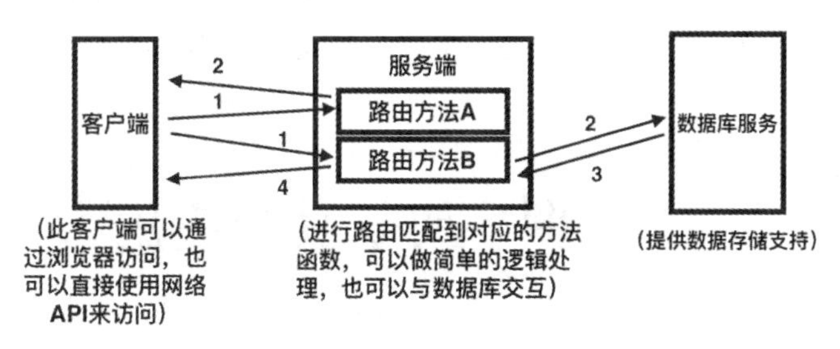

图 1-1　Express 应用运行示例

1.1.4　从 JavaScript 到 TypeScript

TypeScript是JavaScript的一种超集。所谓超集，是指TypeScript本身就包含JavaScript的所有功能，所有JavaScript的语法在TypeScript中依然适用。TypeScript是对JavaScript功能的一种增强。

在互联网时代初期，互联网应用大多非常简单，更多的是提供信息供用户阅读，可进行的用户交互并不多。此时的应用直接使用JavaScript语言来开发是非常简单和方便的，JavaScript提供的功能也绰绰有余。随着互联网技术的发展，互联网应用的规模越来越庞大，应用涉及的页面逐渐增多，用户交互逐渐复杂，并且JavaScript开发的软件的应用场景也越来越广泛。这时JavaScript本身的灵活性反倒为开发者带来困扰，过度的灵活导致程序中的错误不易排查、模块化能力弱、重构困难等问题。为了解决JavaScript的这些问题，发明了TypeScript，它更适用于大型项目的开发。

关于TypeScript的用法，我们会在后面的项目开发中穿插介绍。这里我们简单对比一下TypeScript与JavaScript的主要区别。

（1）TypeScript提供了更多面向对象编程的特性。

JavaScript是面向对象的语言，它的面向对象是基于原型实现的，本身并没有“类”和“接口”这类概念。总体来说，JavaScript的面向对象功能较弱，项目越大，其劣势就越明显。TypeScript中增加了类、模块、接口等功能，增强了JavaScript的面向对象能力。

（2）TypeScript为JavaScript提供了静态类型功能。

JavaScript中的变量没有明确的类型，TypeScript则要求变量有明确的类型。静态类型对于大型项目来说非常重要，很多编码错误在编译时即可通过静态检查发现。同时，TypeScript还提供了泛型、枚举、类型推论等高级功能。

（3）函数相关功能的增强。

TypeScript为函数提供了默认参数值，引入了装饰器、迭代器和生成器的语法特性。这些特性增强了编程语言的可用性，用更少的代码可以实现更复杂的功能。

对于TypeScript，读者可能还有一点疑惑，大部分浏览器的引擎都只支持JavaScript的语法，那么如何保证TypeScript编写的项目可以在所有主流浏览器上运行呢？这就需要通过编译器进行编译。编译器的作用是将TypeScript代码编译成通用的JavaScript代码，保证在各种环境下的兼容性。当然，在编译的过程中，编译器也会对语法规则进行检查，从而在一定程度上保证了代码的质量。

最后，对于为什么要使用TypeScript而不是JavaScript，这其实是分场景而言的，对于大型项目来说，无论在开发效率、可维护性还是代码质量上，TypeScript都具有明显的优势，是前端开发语言的未来与方向。

1.2　脚手架工具的应用

脚手架本身是建筑领域中的一个概念，可以理解为是为了保证施工过程的顺利进行而搭建的工作平台。在编程领域，项目的开发也需要一些软件开发平台的协助，对应的也会有一些脚手架工具供开发者使用。

Vue.js本身是一个渐进式的前端Web开发框架，它不仅允许我们只在项目的部分页面中使用Vue.js进行开发，也允许我们仅使用Vue.js中的部分功能来进行项目开发。但是，如果目标是完成一个风格统一的、可扩展性强的、现代化的Web单页面应用，那么使用Vue.js提供的一整套完整的功能进行开发是非常适合的，并且通过工具链的配合，我们可以创建集开发、编译、调试、发布为一体的开发流程，还可以在开发过程中使用TypeScript、Sass等更高级的编程语言。

同样地，对于后端框架Express来说，它也有相关的脚手架工具。Express的应用生成器工具可以帮助我们快速搭建工程，也有相应的开源工具对TypeScript进行支持，可以减少开发者很多配置相关的工作。

1.2.1　安装 Node.js 环境

无论是Vue还是Express，都是JavaScript相关技术栈下、Node.js平台上的框架。因此，我们需要先安装Node.js环境。Node.js的安装非常简单，可以通过如下地址打开Node.js的官网：

https://nodejs.org

官网首页如图1-2所示。

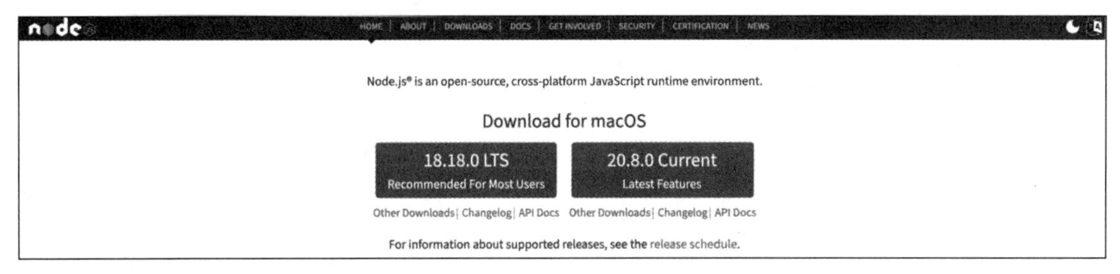

图 1-2　Node.js 官网首页

可以看到，官网的首页非常简单，它会根据使用者的操作系统自动推荐要下载的软件。目前Node.js的标准稳定版本是18.18.0，最新的版本是20.8.0。其中稳定版本是大多数用户目前所使用的版本，我们选择这个版本进行下载即可。

无论是Mac OS、Windows还是Linux操作系统，Node.js的安装方法都类似，先下载软件包，然后像安装普通软件一样进行安装即可。安装完成后，可以尝试在终端输入如下指令来检查所安装的Node.js的版本：

```
node -v
```

如果终端正常输出了版本号信息，则表明Node.js已经安装成功。

温馨提示

有时候不同的项目所要求的 Node.js 的版本并不相同，因此能够方便地对当前所使用的 Node.js 环境的版本进行切换是十分必要的。nvm 是一款 Node.js 版本管理工具，支持进行 Node.js 版本的下载、查看、切换等常用操作。如果读者有兴趣，可以尝试使用 nvm 工具来安装 Node.js。

1.2.2　使用 Vue.js 脚手架工具 Vite

理论上来说，我们可以不使用任何额外的开发脚手架工具，而是直接引入Vue.js的核心代码库来使用Vue.js。但是，使用脚手架工具可以大大减少复杂项目的配置和编译处理流程。Vue.js官网推荐的脚手架工具有Vite和Vue CLI两种。其中Vue CLI曾经是构建大型Vue.js项目不可或缺的工具，它提供带有热重载模块的开发服务器、插件管理系统，甚至用户管理界面等非常多的高级功能。相比Vue CLI，Vite是一款更新的Vue.js脚手架工具，其设计理念也与Vue.js框架本身更加切合。Vite本身的目标是作为一款轻量级的、速度极快的构建工具。Vite工具的作者同时也是Vue.js框架的作者。

在本书中，我们将优先采用Vite作为Vue.js项目开发的首选工具。当然如果有读者更喜欢使用Vue CLI，也没有任何问题。

Vite本身并不像Vue CLI那样功能大而全，它只专注于提供基本构建功能和开发服务器。因此，Vite更加小巧迅捷，其开发服务器的响应速度会比Vue CLI的开发服务器的响应速度快10倍左右。这对开发者来说太重要了，开发服务器的响应速度会直接影响到开发者的编程体验和开发效率。对于非常大型的项目来说，可能会有成千上万个JavaScript模块，这时构建效率的速度差异就会非常明显。

创建Vite工程非常简单，直接使用npm工具即可（安装完成Node.js后，npm也会自动安装）。执行如下指令：

```
npm create vite@latest
```

之后一步一步地选择一些配置项：首先输入工程名和包名，例如我们可以取名为“1_HelloWorld”；然后选择要使用的框架，Vite不止支持构建Vue.js项目，也支持构建基于React.js等框架的项目，这里我们选择Vue.js即可，使用的语言选择TypeScript。

项目创建完成后，生成的工程目录结构如图1-3所示。

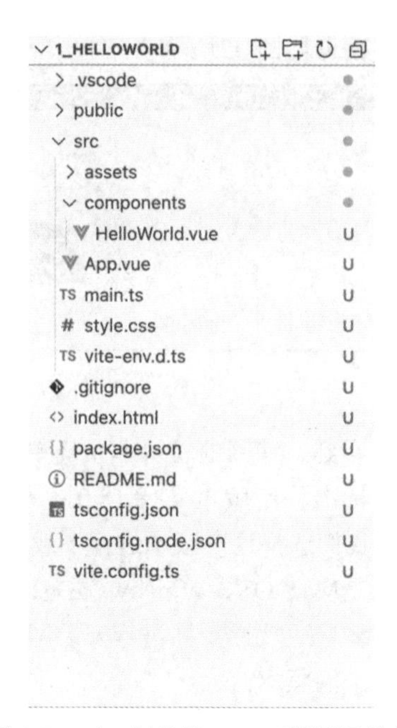

图 1-3　Vite 创建的 Vue 工程目录结构

我们主要关注package.json文件，此文件是Node.js项目的核心文件：

```
{
  "name": "1-helloworld",
  "private": true,
  "version": "0.0.0",
  "type": "module",
  "scripts": {
    "dev": "vite",
    "build": "vue-tsc && vite build",
    "preview": "vite preview"
  },
  "dependencies": {
    "vue": "^3.3.4"
  },
  "devDependencies": {
    "@vitejs/plugin-vue": "^4.2.3",
    "typescript": "^5.0.2",
    "vite": "^4.4.5",
    "vue-tsc": "^1.8.5"
  }
}
```

其中除了配置一些基础信息之外，scripts中配置了Vite工程开发、编译和预览所使用的指令；dependencies中配置了项目生产环境所依赖的库；devDependencies配置了项目开发环境所依赖的库。可以看到，当前项目依赖的Vue版本为3.3.4。

通过观察使用Vite创建出的工程目录，可以发现其中主要包含3个文件夹和7个独立文件。我们先来看这7个独立文件（其中，以“.”开头的文件都是隐藏文件）：

（1）.gitignore：用来配置Git版本管理工具需要忽略的文件或文件夹，在创建工程时，默认会忽略一些依赖、编译产物、log日志等文件，不需要修改。

（2）index.html：是整个项目的入口文件，其中定义了承载Vue.js应用的HTML元素。

（3）package.json：该文件相对比较重要，其中存储的是一个JSON对象结构的数据，用来配置当前的项目名称、版本号、脚本命令以及模块依赖等。package.json可以用来配置依赖库版本的匹配规则。当我们向项目中添加额外的依赖时，就会被记录到这个文件中。

（4）README.md：该文件是一个MarkDown格式的文件，其中记录了项目的编译和调试方式。我们也可以将项目的介绍编写在这个文件中。

（5）tsconfig.json和tsconfig.node.json：是TypeScript的编译配置文件，可以在其中配置一些编译规则和依赖库。这两个文件的配置分别影响Vue项目的TypeScript环境和Vite本身的TypeScript环境。

（6）vite.config.js：是使用Vite创建项目时自动生成的文件，用来对项目的部署进行配置，目前无须关心。

现在，可以尝试运行此Vite项目，在工程目录下执行如下指令来安装依赖：

```
npm install
```

之后直接执行如下指令在开发模式下运行项目：

```
vite
```

模板工程的运行效果如图1-4所示。

图 1-4　Vite 工程示例

1.2.3　使用 Express 项目生成工具

Node.js本身是JavaScript的运行环境，基于Node.js平台，我们可以通过它来开发各种各样的互联网应用。Express框架的特点是非常轻量，可以快速搭建项目。对于学习Web应用开发来说，使用它非常方便。

首先需要安装一个脚手架工具来帮助创建Express项目。在终端执行如下指令来全局安装一个Node.js工具包：

```
npm install -g yo generator-express-no-stress-typescript
```

generator-express-no-stress-typescript是一款开源的适用于Express框架的脚手架工具，它会帮助我们生成一个集开发服务器、交互式文档、结构化日志等功能于一体的Express项目，并且generator-express-no-stress-typescript 是 generator-express-no-stress 开源项目的扩展，加入了

TypeScript的支持。

下面我们尝试使用此脚手架来创建一个Express下的HelloWorld项目。在终端输入如下指令创建工程：

```
yo express-no-stress-typescript
1_HelloWorld_backend
```

其中，1_HelloWorld_backend是设置的工程名称。之后在终端会提示一些选项供开发者设置，比如需要填写项目的描述、版本以及所使用的OpenAPI版本等。创建出的工程的目录结构如图1-5所示。

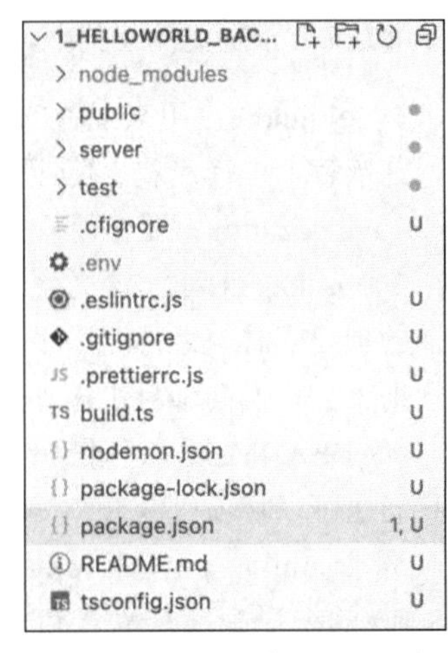

图 1-5　Express 模板工程示例

关于工程中每个目录和独立文件的作用，目前无须过多关注，只需要了解后端接口的代码都编写在server目录下即可，在工程目录下执行如下指令即可运行项目：

```
npm run dev
```

运行成功后，将自动开启开发服务器，监听本机的3000端口。可以在浏览器中输入地址http://localhost:3000/来查看，效果如图1-6所示。

Welcome to 1_HelloWorld_backend

- Interactive API Doc!

图 1-6　Express 示例工程

使用generator-express-no-stress-typescript脚手架非常棒的一点在于它会自动帮助我们生成API接口文档页面，这对前后端分离的开发方式来说非常重要，以结构化的方式生成文档可以减少很多沟通合作的成本，并且方便以面向接口编程的方式来开发大型项目。文档页面如图1-7所示。

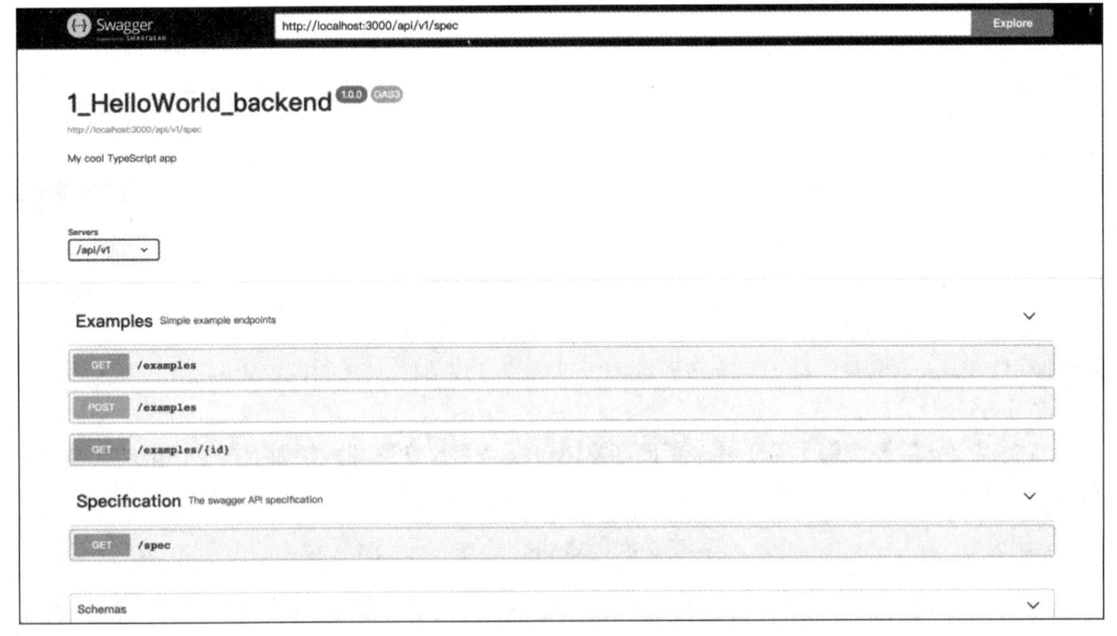

图 1-7　自动生成的 API 文档

1.2.4　使用 Visual Studio Code 编程工具

有句话说得好，叫“工欲善其事，必先利其器”。编程本身也是一种技术工作，要想高效地完成编程工作，离不开各种编程工具的支持。虽然编程的本质是代码的编写，原则上我们使用任何文本编辑器都可以进行项目开发，但是一款优秀的编程工具不仅可以极大地提高开发者的开发效率，而且可以让开发者在编程的过程中享受极致的编程体验。

我们将Visual Studio Code（也称VSCode）编程工具作为此项目的主要开发工具。VSCode是Microsoft开源的一款代码编辑器，其本身非常轻量，运行速度快；更重要的是VSCode以插件的方式来扩展功能，针对不同的编程场景可以安装不同的扩展插件。插件可以为VSCode提供代码提示、关键词高亮、索引跳转、预编译等一系列高级功能。开发者可以根据自己的需求进行灵活配置。

首先，在VSCode官方网站下载VSCode软件，官方网站地址如下：

https://code.visualstudio.com/

VSCode官网页面如图1-8所示。

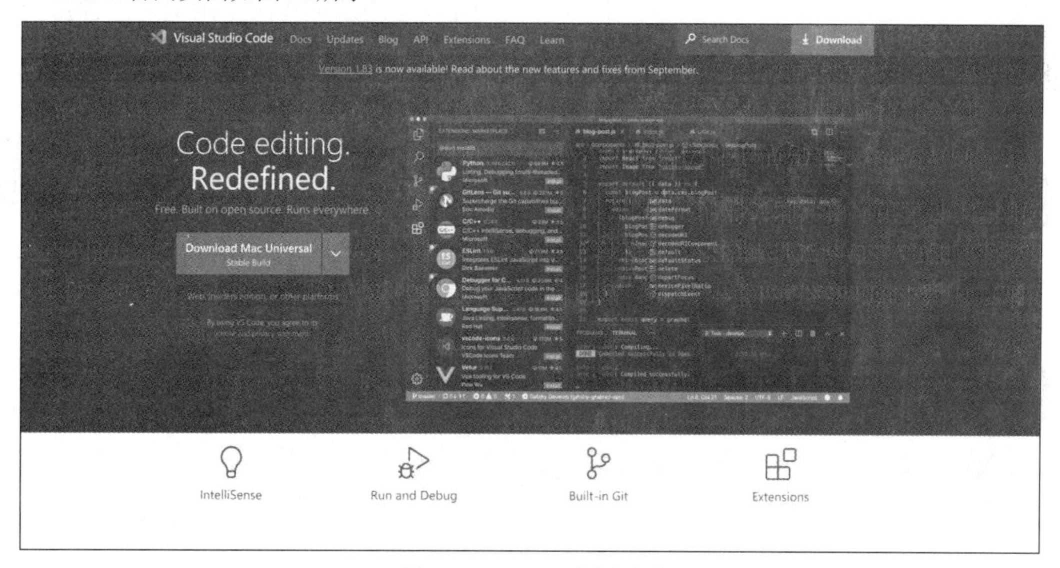

图 1-8　VSCode 官网页面

在VSCode官网上，除了有对编辑器的基本介绍外，还有一个非常显著的下载按钮，通过此入口即可直接下载该软件的稳定版本。

下载完成后，可以使用VSCode来打开前面创建的Vue.js项目工程1_HelloWorld。直接将此工程文件夹拖入VSCode编辑器即可。VSCode编辑器的整体页面布局如图1-9所示。

图1-9中标注出了常用的4大工作区：最左边为功能导航区，用来切换功能模块，包括编码模块、搜索模块、分支管理模块、运行模块和插件模块等；文件导航区会列出当前工程目录下所有的文件夹和文件，用来进行文件的切换；代码编辑区是核心的编码区域；日志与调试区也是开发中很常用的功能区，项目在编译运行时的输出信息都会在这个区域进行展示，也包括对应的调试功能。

图 1-9 VSCode 页面布局

VSCode工具的强大之处在于其丰富的插件系统。可以看到，在未安装任何插件的情况下，代码编辑区的Vue.js组件代码非常难读，并且对于引入的其他组件也无法直接进行连接跳转。

我们可以先来安装一个名为Vue Language Features的插件，此插件可以为Vue.js组件代码增加不同颜色，并且为组件和CSS样式引用增加点击功能。在VSCode的插件管理模块中搜索此插件，如图1-10所示。

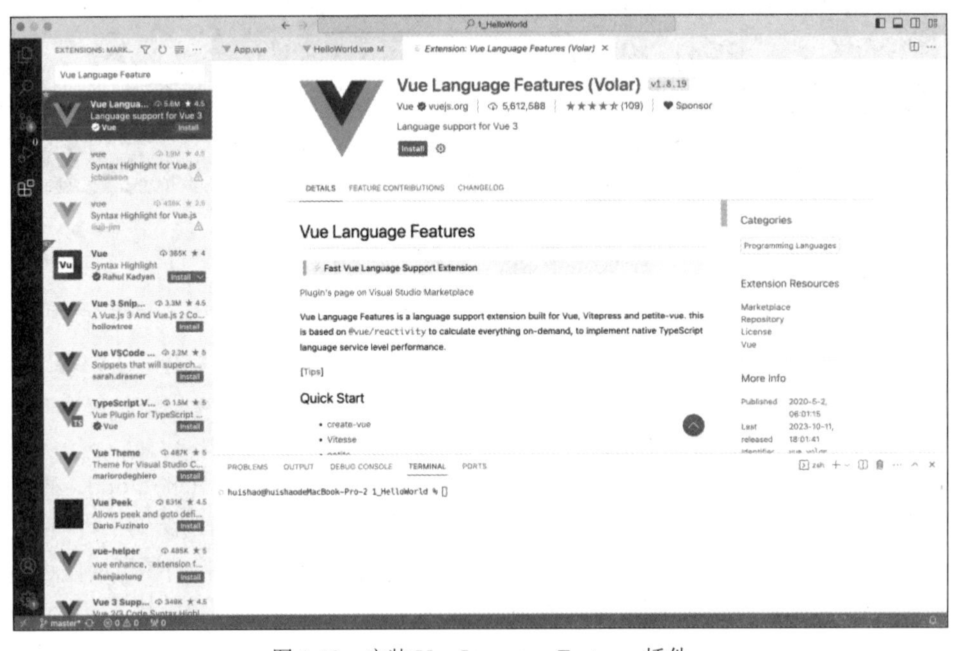

图 1-10 安装 Vue Language Features 插件

安装完成后，在VSCode中打开一个Vue.js组件文件，效果如图1-11所示，可以看到代码已经根据语法类别的不同进行了颜色区分，并且可以方便地从引用部分跳转到定义部分。

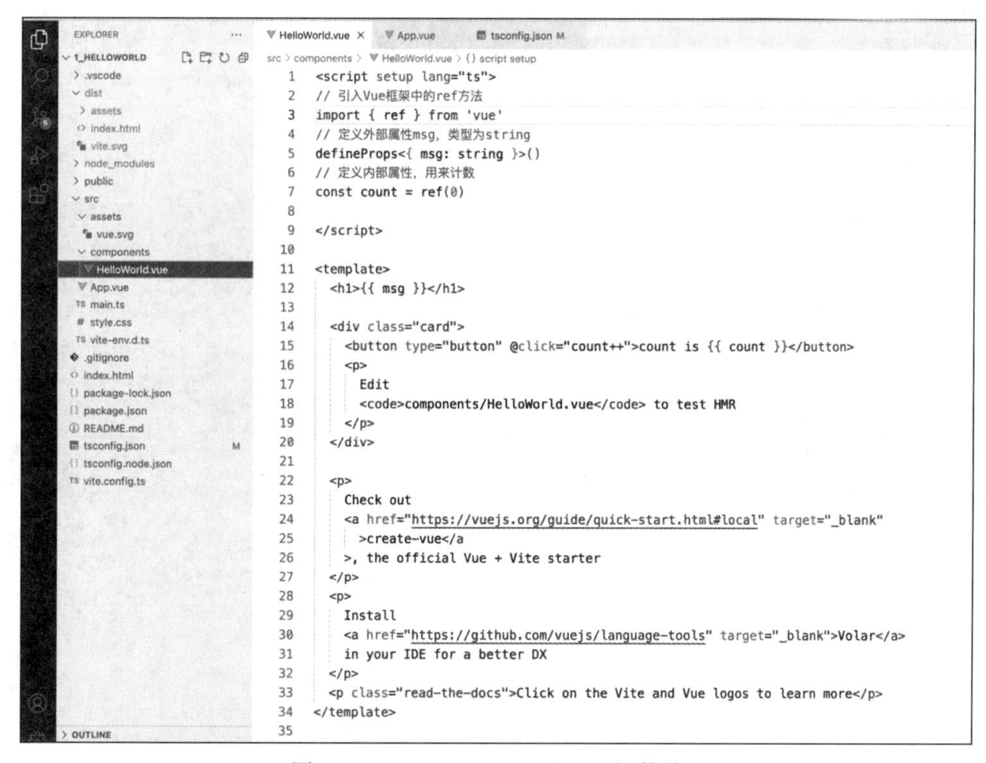

图 1-11　Vue Language Features 插件效果

温馨提示

在 Windows 系统上，按住 Win 键单击引用进行跳转，在 Mac OS 上按住 Command 键单击引用进行跳转。

1.3　HelloWorld 工程解析

本节将对前面所创建的Vue.js工程和Express工程做简单介绍。这两个模板工程的结构虽然简单，但麻雀虽小，五脏俱全。通过对HelloWorld工程的分析，我们可以更好地理解成熟项目的基本架构，并了解应该从何处入手开发应用。

1.3.1　Vue.js 工程解析

回顾我们使用Vite脚手架创建的Vue.js模板工程，其中关于工程配置的相关文件可暂不关注。在工程目录下执行npm run build指令来对项目进行编译。编译完成后，在工程的根目录下会生成一个名为dist的文件夹，其中存放的是编译后的生产环境的项目代码。编译后生成的JavaScript代码和CSS代码是经过压缩的，阅读起来非常困难，但是HTML文件并未进行压缩，dist文件夹下的

index.html文件代码如下：

【代码片段1-1 源码见目录1/1_HelloWorld/dist/index.html】

```
<!doctype html>
<html lang="en">
  <head>
    <!-- 设置文件编码格式 -->
    <meta charset="UTF-8" />
    <!-- svg资源文件引入 -->
    <link rel="icon" type="image/svg+xml" href="/vite.svg" />
    <!-- meta配置 -->
    <meta name="viewport" content="width=device-width, initial-scale=1.0" />
    <!-- 网页标题 -->
    <title>Vite + Vue + TS</title>
    <!-- 引入JS脚本 -->
    <script type="module" crossorigin
src="/assets/index-08e9f3d0.js"></script>
    <!-- 引入CSS样式 -->
    <link rel="stylesheet" href="/assets/index-b31fd3ba.css">
  </head>
  <body>
    <!-- 挂载Vue应用的标签 -->
    <div id="app"></div>
  </body>
</html>
```

生产环境下的index.html非常简单，与项目工程中的index.html相比，不同之处在于将编译和压缩处理后的JavaScript文件和CSS文件进行了引入。对于整个Vue.js项目来说，工程中的main.ts才是应用程序的真正入口，此文件代码如下：

【代码片段1-2 源码见目录1/1_HelloWorld/src/main.ts】

```
// 引入Vue框架中的createApp方法
import { createApp } from 'vue'
// 引入全局的CSS样式
import './style.css'
// 引入自定义的App组件
import App from './App.vue'
// 使用App作为根组件来创建Vue应用实例，并挂载到指定HTML元素上
createApp(App).mount('#app')
```

其中App组件被指定为应用实例的根组件。App.vue文件是一个纯粹的Vue.js组件文件，被编译后才能使用。我们之后在开发项目时，会用到非常多的自定义组件，它们都是类似的单文件组件。

Vue.js组件文件大致分为3个部分：逻辑脚本部分、模板部分和样式表部分。

- 逻辑脚本部分用来编写核心的数据和交互逻辑，如子组件的使用、变量的定义和计算、方法的定义和调用等。
- 模板部分用来定义页面的结构，其中主体部分是HTML代码，可以通过Vue.js的一些语法规则来实现不同的渲染逻辑。

● 样式表部分用来定义所需要使用的CSS样式，可以定义为局部的，避免污染其他组件。

App.vue模板代码如下：

【代码片段1-3　源码见目录1/1_HelloWorld/src/App.vue】

```
<!-- 逻辑脚本部分 -->
<script setup lang="ts">
// 引入HelloWorld组件
import HelloWorld from './components/HelloWorld.vue'
</script>

<!-- 模板部分 -->
<template>
  <div>
    <a href="https://vitejs.dev" target="_blank">
      <img src="/vite.svg" class="logo" alt="Vite logo" />
    </a>
    <a href="https://vuejs.org/" target="_blank">
      <img src="./assets/vue.svg" class="logo vue" alt="Vue logo" />
    </a>
  </div>
  <!-- 这里使用了HelloWorld组件 -->
  <HelloWorld msg="Vite + Vue" />
</template>

<!-- 样式表部分 -->
<style scoped>
.logo {
  height: 6em;
  padding: 1.5em;
  will-change: filter;
  transition: filter 300ms;
}
.logo:hover {
  filter: drop-shadow(0 0 2em #646cffaa);
}
.logo.vue:hover {
  filter: drop-shadow(0 0 2em #42b883aa);
}
</style>
```

示例代码中，script标签将lang属性设置为ts，表示要使用的脚本语言为TypeScript，并且使用setup关键字进行了修饰。setup关键字的作用是告诉Vue.js编译器此脚本模块采用了组合式API的语法，在其中直接使用组合式API的方式编写Vue.js组件即可。style标签使用了scoped修饰，scoped的作用是将当前style标签内定义的样式约束为组件内部样式，即只在当前组件内生效。

再来观察HelloWorld组件，这个组件被嵌入了App组件内部，我们也可以称它为子组件。调用HelloWorld组件的代码如下：

```
<HelloWorld msg="Vite + Vue" />
```

可以看到，自定义组件的使用和普通的HTML标签并没有太大区别，msg属性是HelloWorld组件定义的一个外部属性，外部属性的作用是进行组件间的数据传递。HelloWorld组件的Script部分代码如下：

【代码片段1-4　源码见目录1/1_HelloWorld/src/Components/HelloWorld.vue】

```
<script setup lang="ts">
// 引入Vue框架中的ref方法
import { ref } from 'vue'
// 定义外部属性msg，类型为string
defineProps<{ msg: string }>()
// 定义内部属性，用来计数
const count = ref(0)
</script>
```

具体的Vue.js语法这里不做过多解释，此处定义的count变量其实将会编译成一个具有响应性的组件内部属性，对count值的修改会直接影响到页面对应的展示。这也是HelloWorld项目模板的基本功能，项目运行后会在页面展示一个按钮，按钮上显示单击次数，单击按钮后，对应的单击次数也增加。

在实际的项目开发中，其实也是编写各种Vue.js组件，单个组件将逻辑聚焦于其本身的功能，之后将组件进行组合，进行数据交互和跳转管理即可。

1.3.2 Express 工程解析

相比前端的Vue.js工程而言，后端的Express工程要更加复杂一些。这是因为Express框架的功能扩展大多是以中间件的方式进行构建的，而后端工程相比前端有更复杂的日志、接口文档定义、数据解析等逻辑，所使用的中间件也比较多，整体看上去更复杂。

我们还是先从程序的入口文件开始分析。Express工程运行时，入口文件是index.ts，此文件比较简单，内容如下：

【代码片段1-5　源码见目录1/1_HelloWorld_backend/server/index.ts】

```
import './common/env'; // 这里的import的功能是直接注入环境变量
// 引入Server和routes模块
import Server from './common/server';
import routes from './routes';
// 获取配置的端口号
const port = parseInt(process.env.PORT ?? '3000');
// 开启服务
export default new Server().router(routes).listen(port);
```

上面代码中import './common/env'的作用并非引入某个工具模块，而是进行环境变量的注入，执行此行代码时，会直接执行./common/env文件中的TypeScript代码，此文件内容如下：

【源码见目录1/1_HelloWorld_backend/server/common/env.ts】

```
import dotenv from 'dotenv';  // 引入dotenv模块
dotenv.config();  // 进行环境配置
```

其中，dotenv是一个第三方的环境配置工具，调用config方法后，会直接将本地配置的环境变量注入当前应用执行的Node.js环境中去。我们可以在工程的根目录下找到一个名为.env的隐藏文件，所需要的环境变量即可配置在此文件中。.env文件内容如下：

```
APP_ID=1_HelloWorld_backend
PORT=3000
LOG_LEVEL=debug
REQUEST_LIMIT=100kb
SESSION_SECRET=mySecret
OPENAPI_SPEC=/api/v1/spec
```

可以看到，此模板工程的环境变量配置了应用的id、端口号、日志等级、请求体字节数限制等。关于环境变量，我们可以将其简单理解为全局可使用的静态变量。

再回到index.ts文件，引入的Server和routes是两个自定义的模块，现在可以简单地将Server理解为一个自定义的服务器对象类，routers为路由注册方法。

process.env是Node.js中的环境对象，前面注册的环境变量数据都会被存储到此对象中。调用Server()构造方法将实例化出一个服务器对象，之后调用router方法来进行路由的注册，调用listen方法来开启服务，监听指定的端口。Server服务器类内部略微复杂，我们稍后会做详细介绍。当listen方法执行完后，Express服务器就启动完成了。

common目录下的server.ts文件是实现服务器逻辑的核心文件。先看其导入部分，代码如下：

【源码见目录1/1_HelloWorld_backend/server/common/server.ts】

```
// 引入Node.js自带的工具模块
import path from 'path';
import http from 'http';
import os from 'os';
// 引入Express框架中的模块
import express, { Application } from 'express';
// 引入中间件模块
import bodyParser from 'body-parser';
import cookieParser from 'cookie-parser';
import errorHandler from '../api/middlewares/error.handler';
import * as OpenApiValidator from 'express-openapi-validator';
// 引入log工具
import l from './logger';
```

其中path、http和os是Node.js自带的模块，提供基础的路径处理、网络和系统调用能力。我们主要关注引入的一些中间件。

- body-parser 是一个请求解析中间件，它可以对请求体中通用的 JSON 格式的数据、URL 编码的表单格式的数据以及纯文本的数据进行解析。
- cookie-parser 是一个用来对 Cookie 进行签名和解析的中间件，在很多 Web 应用中，常使用 Cookie 来存储用户信息。
- express-openapi-validator 是对接口请求数据进行 OpenApi 规则验证的中间件。
- errorHandler 实际上是自定义的一个中间件，其用来处理请求错误时的返回结果。
- logger 只是对 pino 模块的封装，用来进行日志的记录。

简单理解了这些引入的模块的作用后，继续阅读server.ts的代码，可以看到，其中定义了一个全局的对象app：

【源码见目录1/1_HelloWorld_backend/server/common/server.ts】

```
// 创建一个全局应用实例
const app = express();
```

此行代码创建了一个express应用实例，在启动Web服务时会用到。除此之外，server.ts中主要定义了ExpressServer类，此类的实现如下：

【代码片段1-6　源码见目录1/1_HelloWorld_backend/server/common/server.ts】

```
// 定义Express服务器类
export default class ExpressServer {
  private routes: (app: Application) => void;
  constructor() {
    // 定义根路径
    const root = path.normalize(__dirname + '/../..');
    // 挂载bodyParser中间件：控制JSON数据体大小
    app.use(bodyParser.json({ limit: process.env.REQUEST_LIMIT || '100kb' }));
    // 挂载bodyParser中间件：控制表单数据大小和表单的解析器类型
    app.use(
      bodyParser.urlencoded({
        extended: true,
        limit: process.env.REQUEST_LIMIT || '100kb',
      })
    );
    // 挂载bodyParser中间件：控制普通文本数据大小
    app.use(bodyParser.text({ limit: process.env.REQUEST_LIMIT || '100kb' }));
    // 挂载cookieParser中间件
    app.use(cookieParser(process.env.SESSION_SECRET));
    // 挂载静态资源路径中间件
    app.use(express.static(`${root}/public`));
    // 定义API文档描述文件的路径
    const apiSpec = path.join(__dirname, 'api.yml');
    // 是否开启响应验证
    const validateResponses = !!(
      process.env.OPENAPI_ENABLE_RESPONSE_VALIDATION &&
      process.env.OPENAPI_ENABLE_RESPONSE_VALIDATION.toLowerCase() ===
'true'
    );
    // 挂载API文档静态文件路径
    app.use(process.env.OPENAPI_SPEC || '/spec', express.static(apiSpec));
    // 挂载OpenApiValidator中间件
    app.use(
      OpenApiValidator.middleware({
        apiSpec,
        validateResponses,
        ignorePaths: /.*\/spec(\/|$)/,
      })
```

```
    );
  }
  // 定义router方法，用来注册路由，返回当前服务器对象本身
  router(routes: (app: Application) => void): ExpressServer {
    // 通过外部的方法来注册路由
    routes(app);
    // 注册异常处理中间件
    app.use(errorHandler);
    return this;
  }
  // 定义listen方法，开启服务器
  listen(port: number): Application {
    // 定义回调函数
    const welcome = (p: number) => (): void =>
      l.info(
        `up and running in ${
          process.env.NODE_ENV || 'development'
        } @: ${os.hostname()} on port: ${p}}`
      );
    // 创建HTTP服务，监听端口
    http.createServer(app).listen(port, welcome(port));
    // 返回应用实例
    return app;
  }
}
```

上面代码中有比较详尽的注释，整体来说，当我们在构造ExpressServer实例对象时，会在构造方法中完成对各种中间件的注册，首先注册请求体解析相关的中间件，然后是Cookie签名的中间件，接着是静态文件处理的中间件，最后是OpenAPI校验的中间件。router方法实际上提供了一个外部路由注册的接口，允许使用外部的方法来注册路由中间件，路由注册完成后进行了异常处理中间件的注册。

需要注意，在Express中，中间件的注册顺序是非常重要的。简单理解，中间件的作用是对业务流程的中间环节进行处理。以客户端→服务端→客户端这样的数据传输业务为例，Express允许开发者在接收到客户端的数据后执行一系列的中间逻辑，之后将响应的数据返回给客户端。中间件的处理顺序与注册顺序一致。错误处理类型的中间件比较特殊，当其他中间件的执行有异常抛出时，会执行错误处理中间件的逻辑。示例工程中使用的异常处理函数定义在middlewares目录下的error.handler.ts文件中，代码如下：

【代码片段1-7　源码见目录1/1_HelloWorld_backend/server/api/middlewares/error.handler.ts】

```
// 模块引入
import { Request, Response, NextFunction } from 'express';
// 定义异常处理中间件
export default function errorHandler(
  err: any,
  _req: Request,
  res: Response,
  _next: NextFunction
```

```
): void {
  // 直接返回给客户端错误信息
  const errors = err.errors || [{ message: err.message }];
  res.status(err.status || 500).json({ errors });
}
```

ExpressServer类中除了构造方法外，还定义了两个方法：route和listen。这两个方法比较好理解，route提供了外部注册路由的接口，listen则负责启动服务器，并将当前应用实例返回。前面在介绍index.ts文件的时候，我们说过路由注册的方法是定义在server目录下的routes.ts文件中的，下面我们再来分析这个文件的作用。

server目录下的routes.ts文件代码如下：

【代码片段1-8　源码见目录1/1_HelloWorld_backend/server/routes.ts】

```
import { Application } from 'express'; // 引入模块
import examplesRouter from './api/controllers/examples/router'; // 自定义路由
export default function routes(app: Application): void {
  // 使用use方法进行路由中间件的挂载
  app.use('/api/v1/examples', examplesRouter);
}
```

在Express框架中挂载路由类型的中间件时，use方法的第1个参数为要绑定了路由路径，第2个参数设置处理此路由路径对应的路由对象。上面代码中的examplesRouter才真正定义了处理路由的业务逻辑，此route.ts文件中的代码如下：

【代码片段1-9　源码见目录1/1_HelloWorld_backend/server/api/controllers/examples/route.ts】

```
import express from 'express';                  // 引入模块
import controller from './controller';          // 引入处理控制器
// 定义一个路由中间件并进行导出
export default express
  .Router()                                     // 创建路由中间件
  .post('/', controller.create)                 // 设置POST请求的处理方法
  .get('/', controller.all)                     // 设置GET请求的处理方法
  .get('/:id', controller.byId);                // 设置GET带参数请求的处理方法
```

上面代码中创建了一个路由中间件，并指定了对客户端发起的POST请求、不带参数的GET请求和带参数的GET请求的处理方法。在进行路径映射时，可以直接使用Express约定的语法进行参数映射，例如上面定义的/:id路由，使用如下URL进行请求时即可命中：

```
http://localhost:3000/api/v1/examples/1
```

我们可以这样理解，server目录下的routes.ts文件的主要作用是在Express应用中挂载路由模块，当应用比较复杂时，可以支持挂载多个路由模块。每个路由模块下可能会有多个API服务，例如示例工程中的examples模块，其下定义了3个API接口。这些接口是在examples目录下的router.ts文件中具体配置的，该文件负责映射当前模块下的API接口路径与对应的处理方法。

再来看一下controllers.ts文件，在Web服务开发中，常常将某个模块的处理类以Controller命名。在Controller类中定义方法来对命中的路由请求进行处理，controllers.ts文件代码如下：

【代码片段1-10　源码见目录1/1_HelloWorld_backend/server/api/controllers/examples/controller.ts】

```
import ExamplesService from '../../services/examples.service'; // 引入service
模块
import { Request, Response } from 'express';
// 控制器类的具体定义
export class Controller {
  // 对无参数get请求的处理方法
  all(_: Request, res: Response): void {
    // 调用Service来获取数据并返回
    ExamplesService.all().then((r) => res.json(r));
  }
  // 对有id参数的get请求的处理方法
  byId(req: Request, res: Response): void {
    // 调用Service来获取数据并返回
    const id = Number.parseInt(req.params['id']);
    ExamplesService.byId(id).then((r) => {
      if (r) res.json(r);
      else res.status(404).end();
    });
  }
  // 对post请求的处理方法
  create(req: Request, res: Response): void {
    // 调用Service来创建新的数据
    ExamplesService.create(req.body.name).then((r) =>
      res.status(201).location(`/api/v1/examples/${r.id}`).json(r)
    );
  }
}
export default new Controller();
```

其中，all方法会通过Service类来获取所有example数据并返回，byId方法查询指定id的数据并返回，create方法会将客户端传递过来的id参数拼接成路径数据存储到内存。ExamplesService是服务类，在整个后端项目架构中，服务类的作用是对数据进行操作，如读写数据、组装数据等。

ExamplesService类的实现比较简单，这里就不再赘述。在模板工程中，ExamplesService类只对内存中的数据进行操作，然后在实际应用中，它更多的是对数据库进行读写操作。

最后，解释一下API文档的生成逻辑，OpenAPI主要是通过YML文件来进行文档的定义。在YML文件中会定义支持的接口路径、请求参数和返回数据的数据结构。项目运行起来后，对前端传递参数的验证也是通过此文档的定义来约束的。另外，前端看到的文档页面其实是一个静态页面，我们在配置Express静态资源中间件的时候配置了工程的public目录，这个目录中的index.html就是前端文档的静态页面入口，文档页面会读取YML文件来进行内容的渲染。后面我们在开发API接口服务时，要做的第一件事情就是定义接口文档。

通过本节的介绍，相信读者对Express工程的结构有了较为清楚的认识，准备在之后的实操章节大展身手吧。

1.4　小结与上机练习

本章是准备章节，首先，介绍了一个完整的电商项目需要包含的功能模块，也介绍了完成这样一个完整项目所需要的技术栈。其次，在编程语言方面，我们首选TypeScript，TypeScript的诸多优势也非常适合大型项目的开发。Vue.js和Express是我们将选用的两个开发框架，电商项目的用户端和后台管理端将使用Vue.js来开发，服务后端将采用Express来开发，我们也对Vue.js和Express这两个框架进行了简单的介绍，并使用一些编辑器和脚手架工具来创建了基础的HelloWorld工程。最后，对前端和后端的HelloWorld工程做了拆解介绍，帮助读者更好地理解项目开发的流程。

现在，我们的准备工作已经完成，相信读者已经迫不及待地想要上手开发项目了。在开始前，请再回顾一下本章所介绍的核心内容，下面的问题或许可以帮助读者回忆。

思考1：Vue.js框架有怎样的特点？

提示：可以从渐进式、小巧、迅捷等方面进行思考。

思考2：使用单文件组件有什么优势，需要编译吗？

提示：单文件组件是以vue为后缀的文件，需要编译成JavaScript代码才能最终使用。单文件组件有很多优势，例如可以更好地解耦逻辑、支持局部的CSS样式等。

思考3：一个Express应用的架构是怎样的？

提示：Express应用通过中间件来构建逻辑管道，中间件的注册是有顺序的，我们可以将中间件分为逻辑处理中间件、路由中间件和异常捕获中间件等。

思考4：开发Vue.js应用，我们通常可以使用什么脚手架？

提示：Vue CLI和Vite是两个流行的Vue脚手架工具，Vue CLI功能全，除了提供流程化的编译链工具外，还提供了插件管理、可视化的Web管理工具等。而Vite最大的特点是快——编译快，动态更新也快，更适合开发大型项目。

练习：请按以下步骤构建Vue.js+Express开发环境。

首先，确保已经安装了Node.js（版本12.0.0以上）。然后，可以使用npm（Node包管理器）来安装vite。

在命令行中运行以下命令：

```
// 新建Vite工程
npm create vite@latest
```

接着，根据终端的提示进行参数配置，这将创建一个包含Vue 3和Vite的新的前端项目。

对于后端，可使用Express框架。首先，需要在项目根目录下创建一个新的文件夹，例如“server”，然后在该文件夹下创建一个新的Node.js项目：

```
cd server
npm init -y
```

接着，安装Express：

```
npm install express
```

现在，可以在server/index.js文件中编写服务器代码，例如：

```
const express = require('express')
const app = express()
const port = 3000
app.get('/', (req, res) => {
  res.send('Hello World!')
})

app.listen(port, () => {
  console.log(`Server listening at http://localhost:${port}`)
})
```

最后，可以通过运行node server/index.js来启动服务器。

第2章

前端基础模块及应用

本章将介绍Vue前端项目开发中需要使用的基础模块。这里所谓的前端，是指此电商项目中的客户端和后台管理端。我们知道Vue.js是一个轻量级的前端开发框架，它提供了组件、模板语法和响应式等特性来使前端开发更加方便和快捷。本书所介绍的电商项目可以认为是一个相对大型的前端项目，而对于大型项目的开发，仅仅使用纯粹的Vue库是不够的，还需要许多基础模块的支持，其中网络模块、UI模块、路由模块和状态管理模块几乎是任何一个大型项目所必需的。

网络模块其实是对AJAX接口的一种封装，它使我们可以更方便地在应用中进行网络请求，获取服务端提供的数据来渲染页面。本章将介绍基于axios模块封装的Vue网络请求框架的应用。后续在项目开发中，前端页面所依赖的数据都需要借助网络模块来向后端请求。

前端项目离不开UI模块的支持，前端应用主要负责与用户交互，美观实用的页面是必不可少的。直接使用HTML加CSS的组合虽然可以满足页面需求，但要封装大量的通用组件和定义大量的样式表，这将非常耗费精力。Element Plus框架是一款基于Vue的UI组件库，其中提供了大量的常用UI组件，例如按钮、标签、表格等，并且提供的组件具有很强的可定制性。使用Element Plus库开发页面非常方便。

此外，我们将使用Vue Router作为前端项目的路由框架。大型的前端应用通常由许多个页面组成，路由用来负责与页面间的跳转相关的逻辑，Vue Router可以帮助我们更好地组织页面结构。

最后，将介绍在Vue中进行状态管理的模块Pinia。Pinia是一个相对较新的Vue状态管理框架，可以帮助开发者进行全局状态管理，并且对TypeScript有很好的支持。

通过本章的学习，我们将对之后项目开发中要用到的基础模块有初步的了解，为后续的项目开发打好基础。

本章学习目标：

- 使用 axios 进行网络数据的获取。
- Element Plus 中基础组件的使用。
- 使用 Vue Route 构建页面路由结构。
- 使用 Pinia 进行状态管理。

2.1　axios 与 vue-axios 网络请求模块的应用

互联网应用离不开网络，在网络的加持下，应用才能更好地更新数据和处理用户交互。本书要介绍的电商项目，无论是客户端还是后台管理端都离不开网络，后端服务就更是这样了，没有了网络通信，后端服务就没有了存在的意义。

在前端部分，我们将axios模块作为网络请求的主要框架。当然，在Vue中进行网络请求的方式很多，最直接的方式是使用浏览器本身的ajax接口，但其写法复杂、可维护性差，不适合大型项目的开发使用。axios采用Pormise的编程方式，异步与链式调用的特性对开发者使用来说非常友好。更重要的是，axios使用起来非常简单，学习成本低，且包的尺寸很小，接口很容易扩展。

本节主要介绍的其实是axios的基本使用方法，vue-axios是Vue.js对axios做的一层简单的封装，只是方便了开发者的调用，其核心用法与axios是完全一样的。

2.1.1　尝试发起一个 HTTP 请求

在互联网上，HTTP的应用非常广泛，我们访问的网页，本质上就是浏览器通过发送HTTP请求来将网页数据请求到本地，之后在浏览器窗口进行渲染的。

我们可以使用Vite脚手架创建一个新的Vue示例应用，并命名为AxiosDemo。创建过程可以参考第1章的内容。创建完成后，需要向工程中添加axios和vue-axios模块的依赖。

在工程目录下执行如下指令：

```
npm install --save axios vue-axios
```

执行完成后，观察package.json文件中的dependencies配置项，发现其中已经添加了axios和vue-axios的依赖项，如下所示：

```
"dependencies": {
    "axios": "^1.6.0",
    "vue": "^3.3.4",
    "vue-axios": "^3.5.2"
}
```

之后可以在终端执行如下指令来完整安装所有的依赖：

```
npm install
```

下面我们可以尝试使用axios来请求一个简单的HTML网页数据。首先修改main.ts文件中的代码：

【代码片段2-1　源码见目录2/AxiosDemo/src/main.ts】

```
// 导入模块
import { createApp } from 'vue'
import axios from 'axios'
import VueAxios from 'vue-axios'
```

```
import './style.css'
import App from './App.vue'
// 创建App实例
const app = createApp(App)
// 挂载axios组件
app.use(VueAxios, axios)
// 将axios导出，方便后续使用它的组件进行注入
app.provide('axios', app.config.globalProperties.axios)
// 挂载应用
app.mount('#app')
```

app.use方法用来挂载组件，大多数模块都需要挂载后才能正常使用。上面的provide方法是Vue 3中的新特性，它和inject方法配合使用来进行全局数据的共享，这里的语义是将axios对象导出，后续我们使用组合式API来编写独立组件时，如果需要用到网络模块的组件，则可以使用inject来导入此axios对象。

对工程中的HelloWorld.vue组件文件做一下简单的修改，首先删除默认生成的模板代码，然后修改template部分代码：

【源码见目录2/AxiosDemo/src/components/HelloWorld.vue】

```
<template>
  <div v-html="html">
  </div>
</template>
```

我们目前只向模板中增加了一个div元素，v-html指令用来绑定和解析HTML内容，此div能够将绑定的html字符串渲染成网页内容。对应地修改script部分代码：

【代码片段2-2 源码见目录2/AxiosDemo/src/components/HelloWorld.vue】

```
<script setup lang="ts">
// 导入模块
import { Axios } from 'axios';
import { ref, inject } from 'vue'
// 将axios对象注入当前环境
const axios: Axios = inject('axios') as Axios
// 定义的外部属性，不需要使用
defineProps<{ msg: string }>()
// 定义具有响应性的html内容变量
const html = ref("HTML 区域")
// 发起get请求
axios.get('http://huishao.cc').then((response) => {
  // 将返回的数据赋值给html变量
  html.value = response.data
})
</script>
```

调用axios的get方法来发起一个请求方法为GET的HTTP请求，其中的第1个参数为请求的URL地址，http://huishao.cc是笔者个人的博客网站，对这个URL发起GET请求会将网站首页的HTML数据下载到本地。then函数是Promise异步编程的基本用法，当请求完成后会执行then函数中指定的回

调参数，其中可以获取到请求的结果以及请求到的数据。

上述代码中，我们直接将请求到的数据赋值给了html变量。可以尝试运行此工程，最终的页面效果如图2-1所示。

图 2-1　网络请求示例

> **温馨提示**
>
> 使用 v-html 加载的页面内容并不美观，这是因为 HTML 代码仅仅定义了页面的框架结构，而用来进行布局调整的 CSS 代码和进行逻辑处理的 JavaScript 代码并未被一同下载。

2.1.2　axios 网络模块的更多用法

上一小节简单演示了如何使用vue-axios来发起GET请求。虽然浏览器在访问网站时大多会使用get方法来请求数据，但是并非所有的交互都是这样的，当涉及用户主动与服务端的数据交互时，post、put、delete等也都是常用的请求方法。axios对象中定义了许多方法来发起不同类型的请求，如表2-1所示。

表 2-1　axios 对象的方法

方 法 名	参数列表	意　义
get	url：请求地址 config：配置对象	发起 GET 请求
delete	url：请求地址 config：配置对象	发起 DELETE 请求

（续表）

方 法 名	参数列表	意 义
head	url：请求地址 config：配置对象	发起 HEAD 请求
options	url：请求地址 config：配置对象	发起 OPTIONS 请求
post	url：请求地址 data：携带数据 config：配置对象	发起 POST 请求
put	url：请求地址 data：携带数据 config：配置对象	发起 PUT 请求
patch	url：请求地址 data：携带数据 config：配置对象	发起 PATCH 请求
postForm	url：请求地址 data：携带数据 config：配置对象	发起 POST 表单请求
putForm	url：请求地址 data：携带数据 config：配置对象	发起 PUT 表单请求
patchForm	url：请求地址 data：携带数据 config：配置对象	发起 PATCH 表单请求
request	config：配置对象	发起请求，具体方法需要由 config 配置

表2-1中列举的方法其实都是axios中提供的别名方法，使用这些方法时，config对象无须对url、method、data等参数进行配置，方便开发者调用。对于上一小节发起的GET示例请求，我们也可以使用下面的代码来完成相同的功能。

【代码片段2-3 源码见目录2/AxiosDemo/src/components/HelloWorld.vue】

```
axios.request({
  url:'http://huishao.cc',
  method: 'GET',
  responseType: 'text'
}).then((response)=>{
  html.value = response.data
})
```

config配置对象可配置的参数很多，我们可以根据需求来选择，表2-2列出了config对象所有可用的配置项。

表 2-2　config 对象的配置项

配置项	值	意　义
url	请求地址	设置请求的 URL 地址
baseURL	请求基地址	此值可以不设置，如果设置，则拼接在 URL 配置项前面。通常当 URL 配置的是相对路径时，使用此配置项
method	请求方法，默认为 get	设置请求方法
transformRequest	函数列表	用来设置请求发出前修改请求携带的 data 或请求头数据的函数
transformResponse	函数列表	用来设置接收到请求的响应数据后修改响应数据的函数
headers	键值对	设置自定义的请求头
params	键值对	设置 URL 携带的参数
paramsSerializer	函数	设置 URL 参数的序列化函数
data	可以是字符串、Buffer、二进制等类型的数据	设置请求携带的数据，用于 POST、PUT、PATCH 等类型的请求
timeout	数值	设置请求的超时时间，单位为毫秒
withCredentials	布尔值	设置跨域请求时是否需要使用凭证
adapter	函数	自定义处理请求，通常用来进行测试
auth	键值对	设置 HTTP 基础用户信息
responseType	响应数据的类型，如 json、text 等	设置要接收的响应数据的类型
responseEncoding	编码类型，如 utf8	设置响应数据的编码格式
xsrfCookieName	字符串	设置 xsrfCookieName 名称
xsrfHeaderName	字符串	设置 xsrfHeaderName 名称
onUploadProgress	函数	设置文件上传的进度回调函数
onDownloadProgress	函数	设置文件下载的进度回调函数
maxContentLength	数值	设置允许的 HTTP 响应的最大字节数
maxBodyLength	数值	设置允许的 HTTP 请求内容的最大字节数
validateStatus	函数	提供自定义的状态校验函数
maxRedirects	数值	设置最大允许的重定向次数
socketPath	字符串	设置套接字路径
httpAgent	对象	设置 HTTP 代理
httpsAgent	对象	设置 HTTPS 代理
proxy	键值对	设置代理的具体信息，包括协议、端口号等

表2-2列出的配置项很多，其中大多数不常用，因此无须记忆。使用TypeScript的一大好处是会将config配置对象的类型定义成明确的接口，在使用VSCode开发工具进行代码编写时会自动进行请求配置参数的提示和补全。

扩展阅读：关于HTTP请求方法

方法（Method）是 HTTP 协议的重要组成部分，它从宏观上定义了客户端与服务端之间的交互类型。HTTP1.1 版本定义了 9 种请求方法，不同的方法，其表达的语义、参数的携带方式等会有一些差别。我们主要介绍常用的 4 种方法：只有以下 4 种比较常用：

- get 方法是最常见的请求方法，顾名思义，其主要作用是向服务端获取资源。get 方法如果需要携带参数，则需要将参数按照 URL 结构规范拼接到 URL 中。get 方法能发送给服务端的数据有限，且参数直接暴露在 URL 链接里。
- post 方法主要用来发送数据到服务端。因为其传输的数据是放在请求体内的，所以可以采用的编码方式更加多样，能够携带的数据量也更大。相比 get 请求方法，post 请求方法传递的数据的安全性更高。
- put 请求方法用来将某个资源文件传送到服务端，简单理解，如果需要发送文件数据，则一般使用 put 方法。
- delete 方法的语义也比较明确，即客户端请求删除某个资源。其逻辑上是和 put 方法完全相反的。

2.2 Element Plus 页面 UI 组件模块的应用

一款产品最终是要交付给用户使用的，产品的前端部分直接和用户面对面接触。产品除了需要有实用的功能外，还要有漂亮的外观。用户是否感觉好用，用户的体验如何，很大程度上取决于前端页面的展示效果。

搭建美观的前端页面并不是一件容易的事情，一个功能复杂的前端应用可能会用到成百上千个UI组件，从零进行这些组件的封装非常耗时，需要写非常多的样式表代码。幸运的是，我们可以使用一些开发好的组件库来构建自己的前端页面，基于这些组件库进行配置和扩展可以大大地节省开发时间，并且可以开发出风格一致、实用美观的页面。

Element Plus是一款非常优秀的基于Vue 3的组件库，提供了按钮、链接、标签、表单、选择器等开发中常用的UI组件，并且每个组件都有着良好的配置性，可以满足基础的定制需求。本节，我们通过Element Plus中几个典型的组件来对其用法进行介绍。

2.2.1 加载 Element Plus 模块

Element Plus分为组件库和图标库，组件库主要提供了常用的UI组件，图标库提供了非常多常用的矢量图标。在开发项目时，必须先加载组件库和图标库，之后才能在Vue组件中使用它们。

使用Vite脚手架工具创建一个名为ElementPlusDemo的示例工程。在工程的根目录下执行如下指令来安装Element Plus模块及图标模块：

```
npm install element-plus --save
npm install @element-plus/icons-vue --save
```

之后，修改main.ts文件中的代码，进行组件的加载。

【代码片段2-4　源码见目录2/ElementPlusDemo/src/main.ts】

```
// 导入模块
import { createApp } from 'vue'
// 导入ElementPlus模块
import ElementPlus from 'element-plus'
// 导入图标模块
import * as ElementPlusIconsVue from '@element-plus/icons-vue'
// 导入样式表
import 'element-plus/dist/index.css'
import './style.css'
import App from './App.vue'
// 创建应用实例
const app = createApp(App)
// 加载ElementPlus模块
app.use(ElementPlus)
// 循环遍历所有图标组件，将它注册为全局组件进行使用
for (const [key, component] of Object.entries(ElementPlusIconsVue)) {
app.component(key, component)
}
// 挂载应用
app.mount('#app')
```

上面的代码进行组件库的基础加载工作，之后我们可以在整个项目中使用Element Plus模块中提供的UI组件以及图标库中提供的图标组件。

例如，修改App.vue文件中的模板代码：

【代码片段2-5　源码见目录2/ElementPlusDemo/src/App.vue】

```
<template>
  <!-- 按钮组件 -->
  <el-button type="primary">
    <!-- 图标组件：搜索样式的图标 -->
    <el-icon>
      <Search />
    </el-icon>
    <span> Search </span>
  </el-button>
</template>
```

运行代码后，页面的渲染效果如图2-2所示。

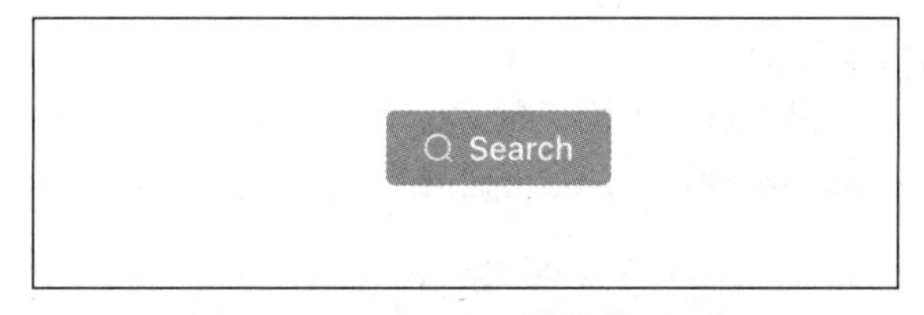

图 2-2　Element Plus 模块使用示例

2.2.2　基础 UI 组件

本小节将介绍Element Plus模块中提供的一些基础UI组件，如按钮、图标、布局容器等。在前面创建的ElementPlusDemo项目的components文件夹下新建一个名为BasicComponent.vue的文件，用来编写本小节的示例代码。

按钮是界面开发中常用的一个组件，Element Plus中提供的按钮组件el-button支持对风格、样式、图标、状态等进行配置。

下面的代码演示了不同风格的按钮在展示上的差异。

【代码片段2-6　源码见目录2/ElementPlusDemo/src/components/BasicComponent.vue】

```
<el-button>默认风格</el-button>
<el-button type="primary">Primary风格</el-button>
<el-button type="success">Success风格</el-button>
<el-button type="info">Info风格</el-button>
<el-button type="warning">Warning风格</el-button>
<el-button type="danger">Danger风格</el-button>
```

上面代码的运行效果如图2-3所示。不同风格的按钮适用于不同的场景，例如Warning风格通常会用在某些警告类的确认选项中。

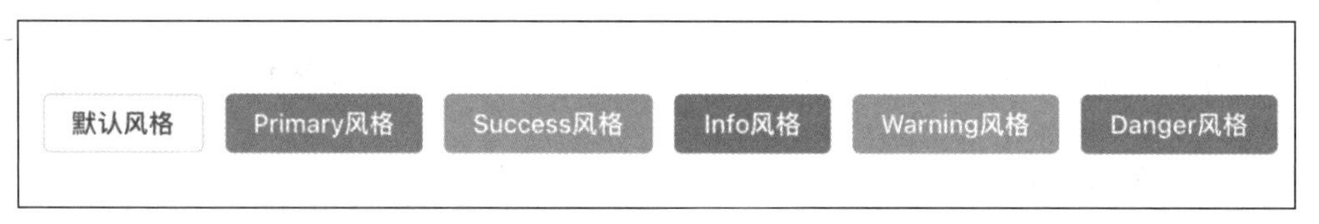

图 2-3　不同风格的按钮演示

使用plain、round和circle参数可以对按钮的展示形状进行配置，例如：

【代码片段2-7　源码见目录2/ElementPlusDemo/src/components/BasicComponent.vue】

```
<el-button type="primary" plain>plain样式</el-button>
<el-button type="primary" round>round样式</el-button>
<el-button type="primary" circle>C</el-button>
```

效果如图2-4所示。

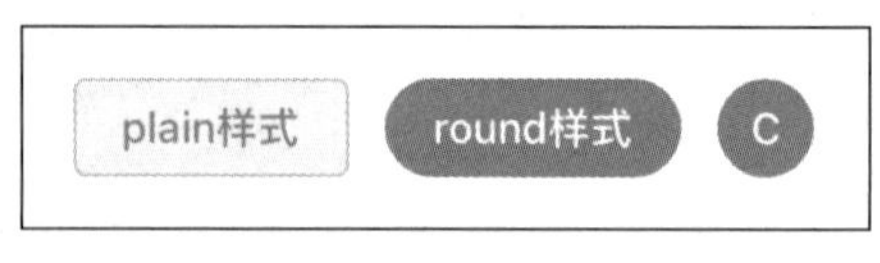

图 2-4　不同样式的按钮演示

按钮也支持配置图标，直接使用 el-icon 组件即可，这在 2.2.1 节已经做过演示，这里不再赘述。

在实际开发中，有时按钮是否可用是由页面其他组件的逻辑决定的，例如登录界面中的登录按钮，只有当用户输入的数据满足格式要求时，登录按钮才可用。el-button组件可以通过disabled参数来配置按钮是否可用，例如：

【代码片段2-8　源码见目录2/ElementPlusDemo/src/components/BasicComponent.vue】

```
<el-button type="primary">可用状态</el-button>
<el-button type="primary" disabled>禁用状态</el-button>
```

效果如图2-5所示。

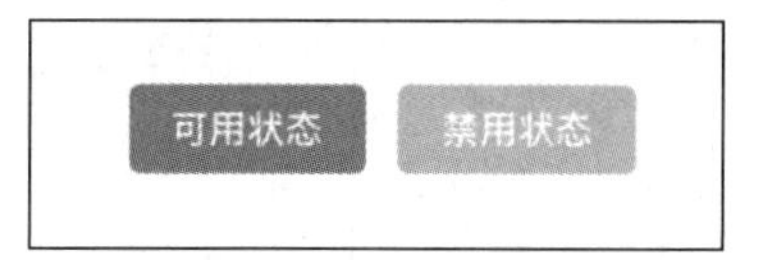

图 2-5　按钮的可用状态示例

当按钮为禁用状态时，是不会响应用户的单击事件的。

上面的演示都是将按钮作为独立组件来进行使用，el-button 组件也可以和 el-button-group 组件结合使用。el-button-group可以组合渲染一组按钮，例如：

【代码片段2-9　源码见目录2/ElementPlusDemo/src/components/BasicComponent.vue】

```
<el-button-group>
   <el-button type="primary">
      <el-icon><ArrowLeft /></el-icon>上一页
   </el-button>
   <el-button type="primary">
      下一页<el-icon><ArrowRight /></el-icon>
   </el-button>
</el-button-group>
```

效果如图2-6所示。

图 2-6　按钮组示例

图标也是Element Plus框架中提供的一种基础组件，图标的使用依赖icons-vue模块。在icons-vue模块中，每个图标实际上都被封装成了Vue组件，在el-icon组件下直接使用对应的图标组件即可。图标库中定义的图标非常多，可以直接在如下地址查到对应图标组件的名字，我们开发时根据自己的需要选用即可：

```
https://element-plus.org/zh-CN/component/icon.html#icon-collection
```

基础组件中，还有一个非常重要的是Container布局容器组件。Container组件可以将页面从框架上划分成几个模块，搭建页面整体布局框架的时候使用它非常方便。例如：

【代码片段2-10　源码见目录2/ElementPlusDemo/src/components/BasicComponent.vue】

```
<el-container>
   <el-aside width="200px" style="background-color: gold;">Aside</el-aside>
   <el-container>
      <el-header style="background-color: beige;">Header</el-header>
      <el-main style="background-color: palegreen;">Main</el-main>
      <el-footer style="background-color: oldlace;">Footer</el-footer>
   </el-container>
</el-container>
```

效果如图2-7所示。

el-container组件可以理解为一个外部容器，当其中的子元素包含el-header或el-footer时，将会默认竖向布局，否则水平布局。el-header和el-footer分别定义头部和尾部区域，el-main定义内容区域，el-aside定义侧边栏区域。el-container相关的组件也支持嵌套，通过嵌套我们可以实现更加复杂的页面框架结构。

这里我们只挑选了Element Plus中最常用的基础组件进行介绍，Element Plus框架中还提供了许多开发中可能会用到的组件，我们会在项目用到时再具体介绍。

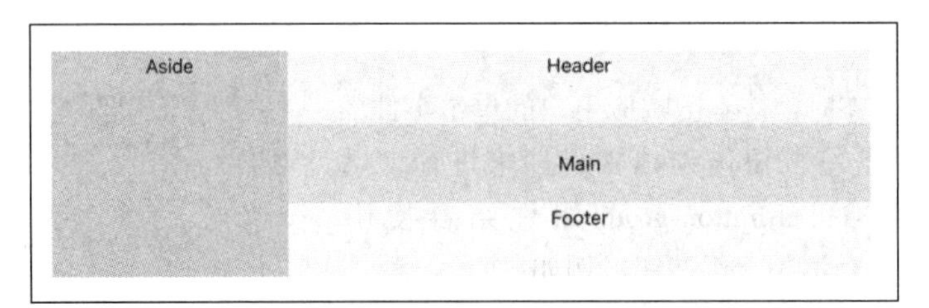

图 2-7　Container 组件示例

2.2.3　典型的表单类组件

表单组件是指能够接收用户输入的交互组件，如输入框、选择器、开关和滑块等。

输入框是最基础的表单组件，它可以接收用户的输入，在登录注册、收货地址填写等模块中都少不了使用输入框。Element Plus中使用el-input组件来创建输入框，示例如下：

【代码片段2-11　源码见目录2/ElementPlusDemo/src/components/BasicComponent.vue】

```
<el-input placeholder="普通的输入框" />
<hr/>
<el-input placeholder="禁用的输入框" disabled/>
<hr/>
<el-input placeholder="带图标的输入框" prefix-icon="Search"/>
```

效果如图2-8所示。

图 2-8　输入框组件示例

如果某些场景仅支持用户输入数字，比如要输入购买商品的数量，那么可以直接使用数字输入框，示例如下：

【代码片段2-12　源码见目录2/ElementPlusDemo/src/components/BasicComponent.vue】

```
<!-- 创建一个容器 -->
<div class="container">
    <!-- 创建一个数字输入框，最小值为0，最大值为10，步长为2 -->
    <el-input-number :min="0" :max="10" :step="2"/>
    <!-- 添加一条水平分割线 -->
    <hr/>
    <!-- 创建一个数字输入框，最小值为0，最大值为1，步长为0.01，精度为2位小数，控制按钮在右侧 -->
    <el-input-number :min="0" :max="1" :step="0.01" :precision="2" controls-position="right"/>
</div>
```

效果如图2-9所示。

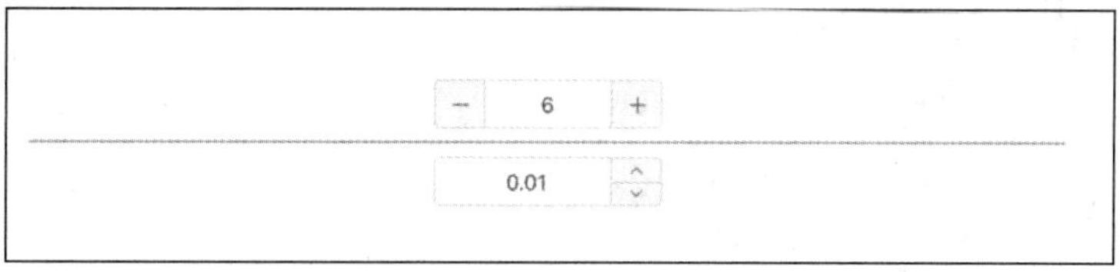

图 2-9　数字输入框组件示例

选择类组件在项目开发中也很常用，Element Plus中提供的选择类组件分为两种，一种为选择框组件，另一种为选择列表组件。选择框组件用于选项较少的情况，使用el-radio和el-checkbox分别来创建单选框和多选框，示例如下：

【代码片段2-13　源码见目录2/ElementPlusDemo/src/components/BasicComponent.vue】

```
<!-- 创建一个单选按钮组，包含两个选项：电影和音乐 -->
<el-radio-group>
    <el-radio label="1" size="large">电影</el-radio>
    <el-radio label="2" size="large">音乐</el-radio>
</el-radio-group>
<hr/>

<!-- 创建一个单选按钮组，包含4个选项：上海、北京、武汉和南京 -->
<el-radio-group size="large">
    <el-radio-button label="上海" />
    <el-radio-button label="北京" />
    <el-radio-button label="武汉" />
    <el-radio-button label="南京" />
</el-radio-group>
<hr/>

<!-- 创建一个复选框组，包含4个选项：A、B、C和D，其中D选项被禁用 -->
<el-checkbox-group>
    <el-checkbox label="A" />
    <el-checkbox label="B" />
    <el-checkbox label="C" />
    <el-checkbox label="D" disabled />
</el-checkbox-group>
```

效果如图2-10所示。

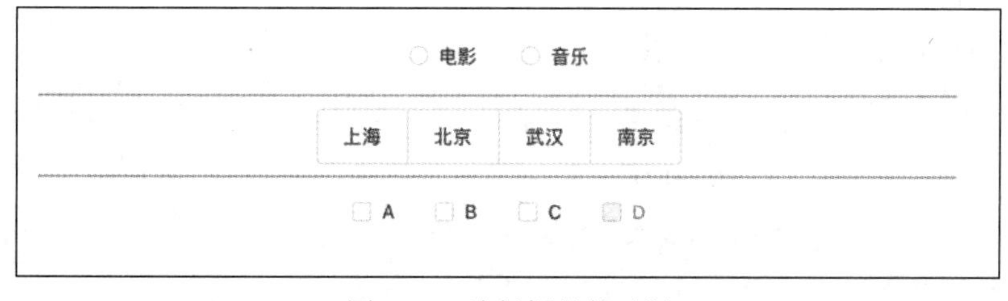

图 2-10　选择框组件示例

el-radio-group和el-checkbox-group组件分别用来将一组单选框和一组多选框进行分组。通常，同一组选项的状态是共享的，以单选框为例，同一组的单选框之间选中状态互斥。

我们再来看选择列表，选择列表允许开发者提供一组选项列表供用户选择，例如：

【代码片段2-14　源码见目录2/ElementPlusDemo/src/components/BasicComponent.vue】

```
<!-- 创建一个下拉选择框，占位符为"请选择"，尺寸为大 -->
<el-select placeholder="请选择" size="large">
  <!-- 使用v-for循环遍历一个包含三个对象的数组，每个对象都有一个value属性 -->
  <el-option
  v-for="item in [{value: '选项一'}, {value: '选项二'}, {value: '选项三'}]"
  :key="item.value" <!-- 设置每个选项的key为item.value -->
  :label="item.value" <!-- 设置每个选项的显示文本为item.value -->
  :value="item.value" <!-- 设置每个选项的值为item.value -->
  />
</el-select>
```

效果如图2-11所示。

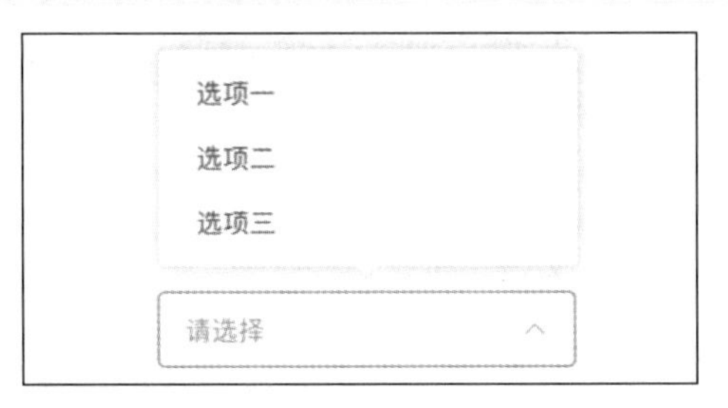

图 2-11　选择列表组件示例

在构建选择列表时，需要提供一个数组类型的数据源，使用Vue的v-for语法对它进行循环遍历以创建选项列表。

对于选择器类组件，Element Plus中提供了一些内置的特殊选择器，比如用来选择时间和日期的选择器、用来选择颜色的选择器，这些在前端项目开发中使用起来非常方便。例如：

【代码片段2-15　源码见目录2/ElementPlusDemo/src/components/BasicComponent.vue】

```
  <el-date-picker type="date"
placeholder="选择日期" />
  <hr/>
  <el-date-picker type="datetime"
placeholder="选择日期和时间"/>
  <hr/>
  选择颜色：<el-color-picker />
```

效果如图2-12所示。

图 2-12　日期选择器示例

最后，我们介绍一下开关与滑块组件。开关组件非常简单，只有两个状态：开和关。滑块组件则类似于一个可控制的进度条，用户可以通过操作滑块的位置来修改滑块组件的值。示例如下：

【代码片段2-16　源码见目录2/ElementPlusDemo/src/components/BasicComponent.vue】

```
<!-- 创建一个开关组件 -->
<el-switch />
<hr/>
```

```
<!-- 创建一个滑块组件，显示输入框，尺寸为大 -->
<el-slider show-input size="large" />
```

效果如图2-13所示。

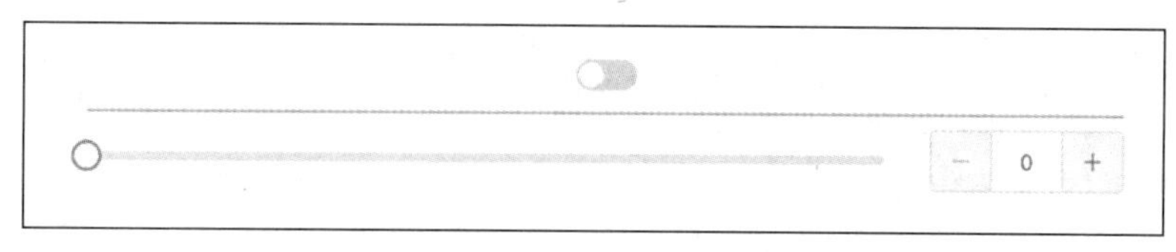

图 2-13　开关与滑块组件示例

需要注意，本小节示例代码所创建的所有组件都未进行数据的双向绑定，因此这些组件看上去好像都是静态的。其实在Element Plus框架中，任何表单组件都可以使用Vue的v-model指令来双向绑定数据，完成数据绑定后，表单组件的状态会根据数据和用户的操作来实时更新。

2.2.4　典型的数据展示类组件

Element Plus框架中封装了许多纯数据展示类的组件，如头像组件、徽章组件、卡片组件、轮播图组件等。组合使用这些组件可以快速构建出内容丰富的前端页面。本小节将对其中几种典型的组件的使用进行介绍。

第一个是el-avatar组件，它用来渲染用户头像，使用起来非常简单，例如：

【代码片段2-17　源码见目录2/ElementPlusDemo/src/components/BasicComponent.vue】

```
<!-- 创建一个正方形的头像，大小为50px，显示文字"用户" -->
<el-avatar :size="50" shape="square">用户</el-avatar>
<!-- 添加一个20px的左边距 -->
<span style="margin-left: 20px;"></span>
<!-- 创建一个圆形的头像，大小为50px，显示文字"用户" -->
<el-avatar :size="50" shape="circle">用户</el-avatar>
<!-- 添加一个20px的左边距 -->
<span style="margin-left: 20px;"></span>
<!-- 创建一个正方形的头像，大小为50px，不显示文字 -->
<el-avatar :size="50" shape="square"
src="http://huishao.cc/img/avatar.jpg"/>
```

如上述代码所示，el-avatar组件支持配置为文字头像或图片头像。效果如图2-14所示。

图 2-14　头像组件示例

对于有消息系统的应用来说，能实时地让用户看到未读消息的数量是十分重要的，el-badge组件用来在其他组件的右上角显示一个徽章，徽章中可以显示数字、文字或一个红点。例如，我们可以在头像组件上显示徽章来提示用户有新消息，代码如下：

【代码片段2-18　源码见目录2/ElementPlusDemo/src/components/BasicComponent.vue】

```
<!-- 创建一个带有数字徽章的头像，数字为10 -->
```

```
<el-badge :value="10">
    <el-avatar :size="50" shape="square">用户</el-avatar>
</el-badge>
<!-- 添加一个20px的左边距 -->
<span style="margin-left: 20px;"></span>
<!-- 创建一个带有文字徽章的头像，文字为"新消息" -->
<el-badge :value="'新消息'">
    <el-avatar :size="50" shape="square">用户</el-avatar>
</el-badge>
<!-- 添加一个50px的左边距 -->
<span style="margin-left: 50px;"></span>
<!-- 创建一个带有小红点的头像 -->
<el-badge is-dot>
    <el-avatar :size="50" shape="square">用户</el-avatar>
</el-badge>
```

只需要将需要显示徽章的组件包装在el-badge组件内即可，el-badge的is-dot参数可以将徽章设置为红点类型。效果如图2-15所示。

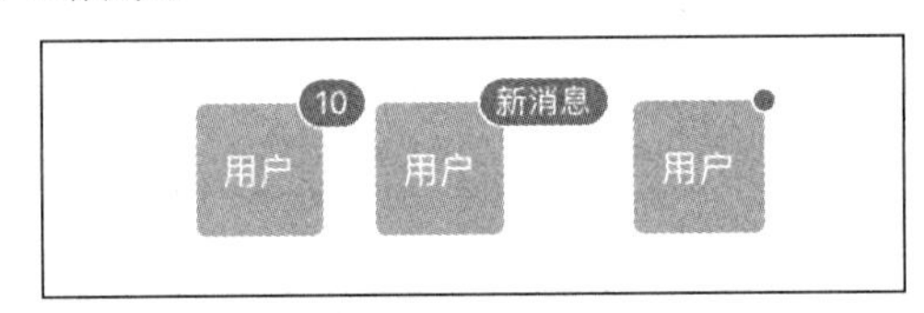

图 2-15 徽章组件示例

如果要展示大量的结构化的数据，表格组件就是一个很好的选择。后续我们在开发电商后台管理项目时，将需要处理大量的结构化数据，如商品列表、订单列表等。el-table组件可以渲染出简洁的表格，并且支持对表格的表头、颜色、筛选项、排序项等进行配置，使用十分方便。下面代码演示了如何构建一个简单的表格视图。

【代码片段2-19 源码见目录2/ElementPlusDemo/src/components/BasicComponent.vue】

```
<!-- 创建一个表格，数据来源于students数组，表格宽度为100% -->
<el-table :data="students" style="width: 100%" stripe>
    <!-- 创建一个表格列，显示班级信息，列宽为180px -->
    <el-table-column prop="class" label="班级" width="180" />
    <!-- 创建一个表格列，显示姓名信息，列宽为180px -->
    <el-table-column prop="name" label="姓名" width="180" />
    <!-- 创建一个表格列，显示学号信息，不设置列宽 -->
    <el-table-column prop="id" label="学号" />
</el-table>
```

代码中使用的students变量为表格提供数据，其定义如下：

【源码见目录2/ElementPlusDemo/src/components/BasicComponent.vue】

```
<script setup lang="ts">
// 定义一个名为students的数组，用于存储学生信息
let students = [
    {
        name: "小明",          // 学生的姓名
```

```
        id: "1101",             // 学生的学号
        class: "1班"            // 学生所在的班级
    },
    {
        name: "小王",           // 学生的姓名
        id: "1102",             // 学生的学号
        class: "1班"            // 学生所在的班级
    },
    {
        name: "小李",           // 学生的姓名
        id: "1103",             // 学生的学号
        class: "2班"            // 学生所在的班级
    }
]
```

效果如图2-16所示。

班级	姓名	学号
1班	小明	1101
1班	小王	11012
2班	小李	1103

图 2-16　表格组件示例

el-table组件还有许多高级用法，通过使用TypeScript来操作数据源列表，可以方便地实现表格的排序、选中、筛选等操作。

Element Plus中还提供了两个非常重要的组件，用于需要网络来加载数据的场景：一个是骨架屏组件el-skeleton，另一个是空态组件el-empty。

当页面的数据需要通过网络来加载时，用户通常需要一定的时间延迟才能看到完整的页面，这一过程如果没有任何提示，会让用户产生应用被卡住了的错觉。对此，我们可以使用el-skeleton组件提供一个骨架图来告知用户这里正在加载数据，示例如下：

【源码见目录2/ElementPlusDemo/src/components/BasicComponent.vue】

```
<el-skeleton :rows="5" animated />
```

效果如图2-17所示。

图 2-17　骨架图组件示例

el-skeleton组件还支持对骨架做简单的定制，比如设置骨架的行数和列数，以及使用模板进行

结构的定制等。在实际开发中，我们应尽量将骨架视图的结构与实现页面要渲染的样式切合。

只要是从网络获取数据，就有可能会出现数据为空的场景，对于这种无数据的场景，可以使用el-empty空态组件来占位，例如：

【源码见目录2/ElementPlusDemo/src/components/BasicComponent.vue】

```
<el-empty description="什么数据都没有" />
```

默认的空态效果如图2-18所示。

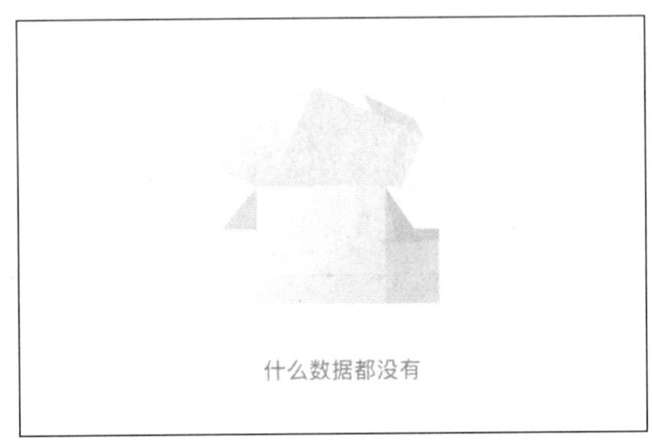

图 2-18　空态组件示例

当然，我们也可以对空态组件显示的图片进行自定义。

2.2.5　常用的导航组件

导航组件的主要用途是控制页面的跳转和切换，例如不同业务模块间的跳转、同一模块下某个动态区域的组件切换以及页面的展示区域切换等。Element Plus框架中提供的导航组件有菜单组件、标签页组件、页头组件等。

菜单是当前Web前端应用中使用得非常多的一种导航组件。当应用有多个功能模块时，可以使用菜单组件来进行功能结构的组织。通过使用el-menu、el-menu-item、el-sub-menu组件，可以轻松实现菜单的嵌套。示例如下：

【代码片段2-20　源码见目录2/ElementPlusDemo/src/components/BasicComponent.vue】

```
<!-- 创建一个水平方向的菜单，设置背景颜色、文字颜色和选中文字颜色 -->
<el-menu mode="horizontal" background-color="#545c64" text-color="#fff"
active-text-color="#ffd04b">
    <!-- 创建菜单项1 -->
    <el-menu-item index="1">菜单1</el-menu-item>
    <!-- 创建子菜单2 -->
    <el-sub-menu index="2">
        <!-- 设置子菜单2的标题 -->
        <template #title>菜单2</template>
        <!-- 创建子菜单2的菜单项2-1 -->
        <el-menu-item index="2-1">菜单2-1</el-menu-item>
```

```
        <!-- 创建子菜单2的菜单项2-2 -->
        <el-menu-item index="2-2">菜单2-2</el-menu-item>
        <!-- 创建子菜单2的菜单项2-3 -->
        <el-menu-item index="2-3">菜单2-3</el-menu-item>
        <!-- 创建子菜单2的子菜单2-4 -->
        <el-sub-menu index="2-4">
            <!-- 设置子菜单2-4的标题 -->
            <template #title>菜单2-4</template>
            <!-- 创建子菜单2-4的菜单项2-4-1 -->
            <el-menu-item index="2-4-1">菜单2-4-1</el-menu-item>
            <!-- 创建子菜单2-4的菜单项2-4-2 -->
            <el-menu-item index="2-4-2">菜单2-4-2</el-menu-item>
            <!-- 创建子菜单2-4的菜单项2-4-3 -->
            <el-menu-item index="2-4-3">菜单2-4-3</el-menu-item>
        </el-sub-menu>
    </el-sub-menu>
    <!-- 创建菜单项3 -->
    <el-menu-item index="3">菜单3</el-menu-item>
    <!-- 创建菜单项4 -->
    <el-menu-item index="4">菜单4</el-menu-item>
</el-menu>
```

效果如图2-19所示。

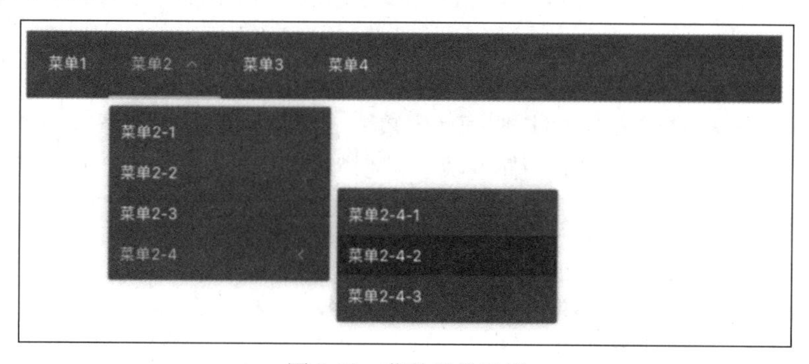

图 2-19　菜单组件示例

菜单组件也支持纵向布局，可以将其作为侧边栏导航使用。注意，菜单组件通常需要和路由模块结合使用，当用户选中了某个菜单项时，通过路由模块来对要渲染的组件进行控制，后面我们会再对路由模块做介绍。

后续，我们在开发电商前端项目和后台管理项目时，页面的主体结构也将采用菜单组件来构建，到时会更加详细地演示其高级用法。

标签页组件的用法与菜单组件很像，其样式比菜单组件更加简洁，非常适合多个平级内容的展示。在使用上，它不需要与路由组件联动，可以直接将标签与要展示的组件进行绑定，使用更加简单。示例如下：

【代码片段2-21　源码见目录2/ElementPlusDemo/src/components/BasicComponent.vue】

```
<!-- 创建一个带有边框卡片样式的选项卡组件 -->
```

```
<el-tabs type="border-card" style="height: 300px;">
    <!-- 创建第一个选项卡面板，标签为"模块1"，内容为"模块1" -->
    <el-tab-pane label="模块1">模块1</el-tab-pane>
    <!-- 创建第二个选项卡面板，标签为"模块2"，内容为"模块2" -->
    <el-tab-pane label="模块2">模块2</el-tab-pane>
    <!-- 创建第三个选项卡面板，标签为"模块3"，内容为"模块3" -->
    <el-tab-pane label="模块3">模块3</el-tab-pane>
    <!-- 创建第四个选项卡面板，标签为"模块4"，内容为"模块4" -->
    <el-tab-pane label="模块4">模块4</el-tab-pane>
</el-tabs>
```

效果如图2-20所示。

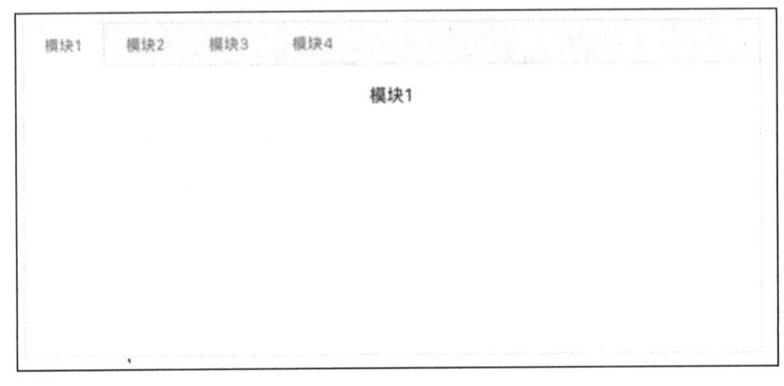

图 2-20　标签页组件示例

el-tabs用来创建一个标签页容器，其内部可以创建多个el-tab-pane子组件，每个el-tab-pane组件会绑定一个内容面板，用户单击对应的标签时，显示区域的内容也会对应切换。

菜单栏和标签页都属于比较重量级的导航组件，Element Plus中也提供了一些轻量的导航组件，这类组件通常用来显示页头，可以明确地告知用户当前所在的页面路径，方便用户快速返回某一页面。使用el-breadcrumb面包屑组件可以方便地描述页面层级结构，例如：

【代码片段2-22　源码见目录2/ElementPlusDemo/src/components/BasicComponent.vue】

```
<!-- 创建一个面包屑导航组件 -->
<el-breadcrumb separator="/">
    <!-- 添加一个面包屑导航项，显示为"首页" -->
    <el-breadcrumb-item>首页</el-breadcrumb-item>
    <!-- 添加一个面包屑导航项，显示为"个人主页" -->
    <el-breadcrumb-item>个人主页</el-breadcrumb-item>
    <!-- 添加一个面包屑导航项，显示为"设置" -->
    <el-breadcrumb-item>设置</el-breadcrumb-item>
    <!-- 添加一个面包屑导航项，显示为"地址设置" -->
    <el-breadcrumb-item>地址设置</el-breadcrumb-item>
</el-breadcrumb>
```

效果如图2-21所示。

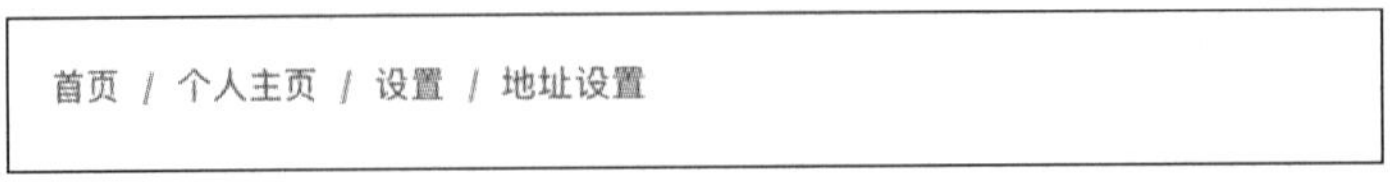

首页 / 个人主页 / 设置 / 地址设置

图 2-21　面包屑组件示例

最后，关于Element Plus中的导航组件，我们再介绍一个非常适合在移动端设备上使用的组件el-page-header。el-page-header是一种用来显示页头的组件，并且提供了返回按钮，支持用户快速返回上一页面，例如：

【代码片段2-23　源码见目录2/ElementPlusDemo/src/components/BasicComponent.vue】

```
<!-- 创建一个页面头部组件 -->
<el-page-header>
    <!-- 定义页面头部的内容区域 -->
    <template #content>
        <!-- 显示当前页面的标题 -->
        <span> 当前页面标题 </span>
    </template>
    <!-- 页面的内容区域 -->
    <div>页面的内容区域</div>
</el-page-header>
```

效果如图2-22所示。

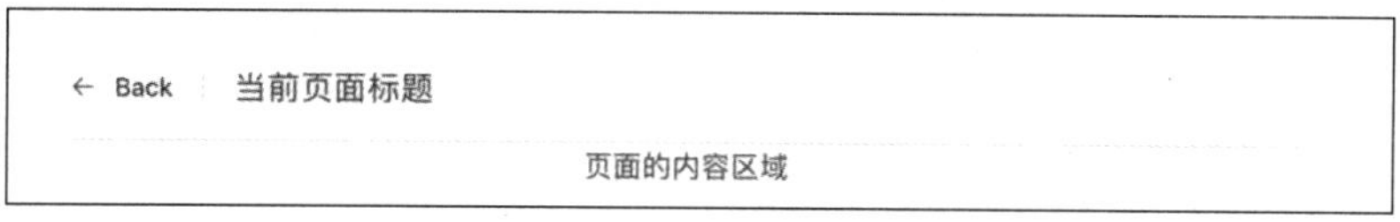

图 2-22　页头组件示例

上面介绍的导航组件，除了示例代码所涉及的属性外，还有许多配置项可以供开发者使用，我们可以根据应用的页面需求来灵活选择合适的导航组件进行使用。

2.2.6　常用的用户反馈类组件

反馈类组件的用途是对用户的交互操作进行反馈，例如对用户的操作是否成功进行提示、弹出对话框让用户进行操作的确认或取消等。在一款体验优良的应用中，实时地对用户进行反馈是十分重要的，本小节将介绍Element Plus中提供的常用的反馈类组件。在实际开发中，这些组件几乎可以满足所有用户反馈需求，无须太多定制，直接使用即可。

el-alert组件可以创建一个提示栏，用于在页面中展示重要的提示信息。el-alert组件属于常驻类的提示组件，不会自动消失，但是可以给用户提供一个关闭提示的按钮。示例如下：

【代码片段2-24　源码见目录2/ElementPlusDemo/src/components/BasicComponent.vue】

```
<!-- 创建一个成功类型的通知 -->
<el-alert style="margin-top: 10px;" title="success alert" type="success" />

<!-- 创建一个信息类型的通知 -->
<el-alert style="margin-top: 10px;" title="info alert" type="info" />

<!-- 创建一个警告类型的通知 -->
<el-alert style="margin-top: 10px;" title="warning alert" type="warning" />
```

```
<!-- 创建一个错误类型的通知 -->
<el-alert style="margin-top: 10px;" title="error alert" type="error" />
```

效果如图2-23所示。

图 2-23　el-alert 组件示例

单击警告栏右侧的关闭按钮可以直接关闭对应的提示。

与el-alert类似的另一个反馈类组件是消息提醒组件，这个组件需要通过主动触发的方式弹出，并且不是常驻的，一定时间后会自动消失。由于消息提醒组件需要主动触发，因此通常用于用户主动操作后的反馈。例如，我们可以定义一个按钮，当用户单击按钮后弹出消息提醒，代码如下：

【源码见目录2/ElementPlusDemo/src/components/BasicComponent.vue】

```
<el-button type="primary" @click="open">消息提醒</el-button>
```

对应的open方法的代码如下：

```
// 导入element-plus库中的ElMessage组件
import { ElMessage } from 'element-plus';

// 定义一个名为open的函数，用于展示一个消息提示
let open = () => {
    // 调用ElMessage组件，传入一个对象作为参数
    ElMessage({
        // 设置消息内容为"展示一个消息提示"
        message: "展示一个消息提示",
        // 设置消息类型为'success'
        type: 'success'
    })
}
```

其中ElMessage是Element Plus框架中内置的一个函数，通过一些简单的配置参数调用后会直接在页面顶部弹出一个消息提示，默认3秒后自动关闭。还有一个与ElMessage非常相似的组件ElNotification，不同的是ElNotification组件默认是从页面的右上方弹出，且可配置的内容更加丰富。通常对于一些简单的系统通知，我们会采用ElMessage来展示，而对于与用户相关的内容类通知，则使用ElNotification会更加合适。ElNotification的示例如下：

【源码见目录2/ElementPlusDemo/src/components/BasicComponent.vue】

```
// 定义一个名为openNotification的函数，用于弹出通知框
```

```
let openNotification = () => {
    // 调用ElNotification组件，传入标题和内容作为参数
    ElNotification({
        title:"通知标题",
        message:"通知的内容"
    })
}
```

对于需要用户进行二次确认的应用场景，可以使用ElMessageBox组件来实现，示例如下：

【源码见目录2/ElementPlusDemo/src/components/BasicComponent.vue】

```
// 定义一个名为openMessageBox的函数，用于弹出确认框
let openMessageBox = () => {
    // 调用ElMessageBox组件的confirm方法，传入确认内容和标题作为参数
    ElMessageBox.confirm("确认内容", "标题")
}
```

confirm方法用来让用户进行确认，弹出的对话框会提供确认和取消两个按钮，如图2-24所示。ElMessageBox中也封装了alert用来弹出提示，这种类型的对话框只提供了一个确认按钮。也可以调用ElMessageBox中的prompt方法来让用户输入一些信息，此时弹出的对话框中将包含一个输入框。需要注意，这些方法被调用后都将返回一个Promise对象，可以通过异步编程的方式获取用户的选择或输入情况。

图 2-24　消息确认对话框示例

如果ElMessageBox创建的对话框无法满足需求，那么我们也可以使用定制化更强的Dialog组件，这个组件允许开发者完全自定义对话框的内容，使用示例如下：

【代码片段2-25　源码见目录2/ElementPlusDemo/src/components/BasicComponent.vue】

```
<!-- 创建一个对话框组件 -->
<el-dialog v-model="dialogVisible" title="对话框标题" width="30%">
    <!-- 自定义对话框的内容 -->
    <span>自定义对话框的内容</span>
    <!-- 定义对话框的底部区域 -->
    <template #footer>
        <!-- 创建取消按钮，单击后关闭对话框 -->
        <span class="dialog-footer">
            <el-button @click="dialogVisible = false">取消</el-button>
            <!-- 创建确认按钮，单击后关闭对话框 -->
            <el-button type="primary" @click="dialogVisible = false">确认
</el-button>
        </span>
    </template>
```

```
</el-dialog>
```

要使用Dialog组件，首先需要预先定义HTML模板，然后在HTML模板部分使用el-dialog组件来完全自定义对话框的样式，其中footer插槽用来指定对话框的底部模块，对话框组件通过绑定一个布尔值来控制显示和隐藏逻辑。代码运行后，弹出的对话框样式如图2-25所示。

图 2-25 自定义对话框示例

至此，我们将Element Plus框架中典型和常用的UI组件都做了简单介绍。虽然UI不是项目开发中唯一要关注的模块，但是前端应用的搭建代码大部分都和UI相关。因此，能够熟练地使用Element Plus中提供的UI组件进行页面搭建，以及有限地对这些组件进行定制化的配置，将是后续前端项目开发的基础。如果读者有兴趣且学习时间充裕，那么可以多编写一些Demo代码，将Element Plus框架中提供的各种组件以及它们的各种属性都尝试进行使用，体验它们的用法和功能。

2.3 Vue Router 路由模块的应用

单页应用（SPA）的架构方式在现代前端开发中非常流行。单页应用其实并非只有一个页面，而是指核心的页面框架代码在一次网络请求中下载到本地，之后通过浏览器引擎来执行脚本代码进行页面的数据获取、内容渲染、用户交互和页面切换等逻辑。

本书中介绍的两个前端项目都将采用SPA的架构方式来开发，而且这两个项目的功能模块都很丰富，涉及的独立功能页面很多。因此，页面的组织相关工作就需要前端代码来实现。与Vue框架配套的官方路由Vue Router就是专门用来做页面组织的。

前端路由的本质是对页面URL进行修改和监听，通常针对的是URL的哈希值部分。不同的哈希值组合会映射到项目中的不同组件，然后由脚本控制组件的渲染和切换逻辑。使用Vue Router后，我们要做的就是将路由与组件进行映射，并且让Vue Router知道应该在哪里渲染它们。

2.3.1 Vue Router 模块的使用

首先使用Vite脚手架创建一个新的示例工程，将其命名为VueRouterDemo，方便之后对路由模块的加载和使用做演示。

Vue Router是与Vue配套的官方路由库，因此它与Vue框架本身的集成度很高，使用起来会非常方便。Vue Router支持动态路由、嵌套路由、模块的路由配置以及参数的解析等。在项目的根目录下执行如下指令来安装Vue Router模块：

```
npm install vue-router@4 --save
```

注意，与Vue 3.x版本对应的路由库的版本是4.x。

与Element Plus模块的使用类似，Vue Router模块安装完成后首先要做的是加载和注册模块，即将所有要使用的路由映射都定义好，并注册到应用实例中。

在工程的components文件夹下新建两个示例组件，分别命名为Demo1.vue和Demo2.vue，并简单地添加如下代码：

【源码见目录2/VueRouterDemo/src/components/Demo1.vue】

```
<template> 示例页面一 </template>
```

【源码见目录2/VueRouterDemo/src/components/Demo2.vue】

```
<template> 示例页面二 </template>
```

Demo1和Demo2组件没有额外的功能，只是用来区分两个页面。

将App.vue文件中的代码修改如下：

【源码见目录2/VueRouterDemo/src/App.vue】

```
<template>
  <router-view></router-view>
</template>
```

router-view组件是路由的入口文件，它将显示当前URL指定的路由组件，根据页面布局需求，可以把它放在项目中的任何地方。

下面，需要定义具体的路由映射关系，将main.ts中的代码修改如下：

【代码片段2-26　源码见目录2/VueRouterDemo/src/main.ts】

```
// 模块引入
import { createApp } from 'vue'
import './style.css'
import { createRouter, createWebHashHistory } from 'vue-router'
// 组件引入
import Demo1 from './components/Demo1.vue'
import Demo2 from './components/Demo2.vue'
import App from './App.vue'
// 创建应用实例
const app = createApp(App)
// 定义路由表
const routes = [
    {
        path:'/demo1',
        component:Demo1
    },
    {
        path:'/demo2',
        component:Demo2
    }
]
// 创建路由对象
const router = createRouter({
    history: createWebHashHistory(),
    routes: routes
```

```
})
// 注册路由
app.use(router)
app.mount('#app')
```

上面代码的核心在于路由表的定义，路由表中每一个对象都定义一条路由规则，比如代码中定义了/demo1路由对应Demo1组件，/demo2路由对应Demo2组件。之后运行项目，改变URL中的哈希值，即可对应切换页面上显示的组件，例如在浏览器中输入如下URL：

```
http://localhost:5173/#/demo2
```

页面渲染效果如图2-26所示。

图 2-26　路由示例

对于比较复杂的页面，路由也支持嵌套和传参，后面会具体介绍。

2.3.2　动态路由与参数匹配

在上一小节中，我们定义的两个示例的路由都是静态的，也就是说一个绝对固定的路由路径匹配到一个固定的组件。有时，我们需要定义一种匹配模式，符合此匹配模式的路由都映射到同一个组件，通过参数的不同来区别组件的内容。以用户中心为例，不同用户的用户中心页面组件是通用的，根据用户id的不同，获取不同的用户数据来渲染到该页面。

在VueRouterDemo工程的components文件夹下新建一个名为UserCenter.vue的组件。编写示例代码如下：

【代码片段2-27　源码见目录2/VueRouterDemo/src/components/UserCenter.vue】

```
<template>
    <h1>用户中心页面</h1>
    <b>用户id: {{ $route.params.id }}</b>
</template>
```

在main.ts文件中的路由定义部分新增一条路由映射规则，代码如下：

【源码见目录2/VueRouterDemo/src/main.ts】

```
{
    path:'/users/:id',
    component: UserCenter
}
```

“/users/:id”将定义一条动态路由，如“/users/1234”和“/users/5678”这类的URL都会被映射到此路由上，“:id”是路由的参数部分，用来表示可变的用户ID。在Vue Router中，路径参数需要以冒号开头，路由匹配成功后，会将参数挂载到当前路由组件实例的$router对象的params属性上。例如，在浏览器中输入下面的地址，页面效果如图2-27所示。

```
http://localhost:5173/#/users/1234
```

用户中心页面

用户id: 1234

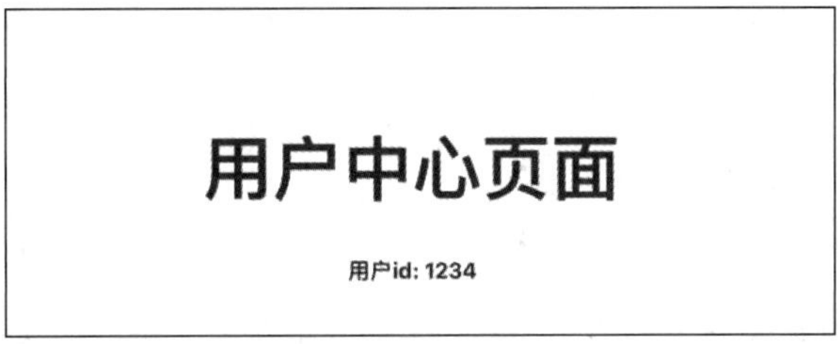

图 2-27　动态路由示例

如果需要，我们也可以在路由中定义多个路径参数。例如，将UserCenter.vue代码修改如下：

【源码见目录2/VueRouterDemo/src/components/UserCenter.vue】

```
<template>
    <h1>用户中心页面</h1>
    <b>用户id: {{ $route.params.id }}</b><br/>
    <b>用户名: {{ $route.params.name }}</b>
</template>
```

对应的路由定义修改如下：

【源码见目录2/VueRouterDemo/src/main.ts】

```
{
    path:'/users/:id/name/:name',
    component: UserCenter
}
```

在浏览器中输入如下URL：

```
http://localhost:5173/#/users/1234/name/xiaoming
```

效果如图2-28所示。

用户中心页面

用户id: 1234
用户名: xiaoming

图 2-28　动态路由示例

参数的匹配也支持使用自定义的正则表达式来描述，这样可以使路由的定义变得更加灵活。

假设我们有这样一种需求：UserCenter组件允许只通过name或id来进行访问。我们可能会定义出这样的路由映射：

【源码见目录2/VueRouterDemo/src/main.ts】

```
{
    path:'/users/:name',
    component: UserCenter
},
{
    path:'/users/:id',
    component: UserCenter
}
```

这样的路由定义是有很大问题的，因为name和id都是参数，所以“/users/:name”和“/users/:id”实际上是两条完全一样的匹配规则。因此，无论我们如何传参，最终都只会匹配到“/users/:name”规则（先注册的路由会优先匹配），“/users/:id”路由将永远无法被匹配到。当然，这个问题也很好解决，我们可以定义两种路径完全不同的路由。但是，如果id字段与name字段本身就有格式上的区别，则使用正则表达式来定义路由匹配规则会更加方便。例如，假设name可以匹配任何非数字的字符，而id只能匹配数字，则可以定义路由如下：

【源码见目录2/VueRouterDemo/src/main.ts】

```
{
    path:'/users/:name(\\D+)',
    component: UserCenter
},
{
    path:'/users/:id(\\d+)',
    component: UserCenter
}
```

其中，正则表达式“\D+”表示匹配任意个非数字字符，之所以使用“\\D+”是因为反斜杠需要转义。同理，正则表达式“\d+”表示匹配任意个数字字符。此时，当我们使用“/users/1234”这样的URL时，就会将1234解析为id字段并传入UserCenter组件；当我们使用“/users/xiaoming”这样的URL时，就会将xiaoming解析为name字段并传入UserCenter组件。

在Vue Router的路由参数匹配规则中，还有一个比较重要的概念是可选匹配，即此参数可以有也可以没有。例如，如果希望当用户未登录也可以访问用户中心页面，则允许不带任何与用户相关的参数，只需在可选参数的后面添加一个问号即可。示例如下：

【源码见目录2/VueRouterDemo/src/main.ts】

```
{
    path:'/users/:name(\\D+)?',
    component: UserCenter
},
{
    path:'/users/:id(\\d+)?',
    component: UserCenter
```

```
}
```

此时，直接访问“/users”路径也可以打开UserCenter页面，只是页面中显示的用户名和id都是空的。

2.3.3　路由的嵌套和命名

在2.3.2节的例子中，路由匹配到的组件会被渲染在App.vue文件所定义的组件的模板中。以UserCenter组件为例，有时用户中心模块会有许多子页面，如用户设置页面和用户历史访问记录页面等。UserCenter模块内部也需要通过路由来动态切换要渲染的子页面，这时就可以将路由进行嵌套使用。

在components文件夹下新建两个Vue组件文件，代码如下：

【源码见目录2/VueRouterDemo/src/components/UserSetting.vue】

```
<template>
    <h1>用户设置页面</h1>
</template>
```

【源码见目录2/VueRouterDemo/src/components/UserRecord.vue】

```
<template>
    <h1>历史访问记录页面</h1>
</template>
```

在UserCenter组件中新增加一个路由挂载入口，代码如下：

【源码见目录2/VueRouterDemo/src/components/UserCenter.vue】

```
<template>
    <h1>用户中心页面</h1>
    <b>用户id: {{ $route.params.id }}</b><br/>
    <b>用户名: {{ $route.params.name }}</b>
    <router-view></router-view>
</template>
```

嵌套路由的使用非常简单，在定义路由表时，任何路由对象都可以配置children属性，这个属性是一个数组，其内用来定义子路由。例如：

【源码见目录2/VueRouterDemo/src/main.ts】

```
{
    // 定义一个动态路径，其中：id和：name是参数占位符
    path:'/users/:id/name/:name',
    // 当匹配到该路径时，将UserCenter组件作为子路由的容器
    component: UserCenter,
    // 定义子路由数组
    children:[
        {
            // 子路由1：当访问/users/:id/name/:name/setting时，使用UserSetting组
件
```

```
        path: 'setting',
        component: UserSetting
      },
      {
        // 子路由2：当访问/users/:id/name/:name/record时，使用UserRecord组件
        path: 'record',
        component: UserRecord
      }
    ]
  }
```

在上述代码中，我们为“/users/:id/name/:name”路由规则定义了嵌套的子路由，即当使用如下URL来访问应用时，会加载用户中心页面，并在用户中心页面中显示历史浏览记录模块：

```
http://localhost:5173/#/users/1234/name/xiaoming/record
```

> **温馨提示**
>
> 路由对象中的 children 列表中配置的路由其实也是功能完整的路由对象，其内部还可以继续嵌套子路由。

通过嵌套路由，我们可以从结构上将页面的关系按照层级进行管理，而无须定义嵌套的URL匹配规则。但是在使用路由时，URL依然是嵌套的，这使得我们在使用代码控制页面的跳转时不太方便。对于结构复杂的路由，我们可以为其命名，并通过名称来进行路由跳转，这样在代码结构上会方便和清晰很多。

首先，我们可以现在App组件中增加一个路由跳转组件，当用户单击它时，会实路由的切换。示例如下：

【代码片段2-28　源码见目录2/VueRouterDemo/src/App.vue】

```
<template>
  <router-link :to="{ path:'/users/1234/name/xiaoming/setting' }">
  路由到用户中心->用户设置页面
  </router-link>
  <router-view></router-view>
</template>
```

其中router-link定义一个路由跳转组件，它会被渲染为一个可单击的链接；to参数配置要跳转的路由，这里使用了完整URL的方式来进行跳转，参数的拼接以及嵌套的URL路径看上去非常烦琐，我们可以对用户中心的设置页面路由进行特殊命名，代码如下：

【源码见目录2/VueRouterDemo/src/main.ts】

```
{
    path: 'setting',
    component: UserSetting,
    name: 'setting'
}
```

对路由进行命名后，可以直接通过名字来匹配要跳转的路由，并且可以将参数以对象的方式

进行传递，这将对代码结构有很大的益处。命名路由的使用方式如下：

【源码见目录2/VueRouterDemo/src/App.vue】

```
<router-link :to="{ name:'setting', params:{ name: 'xiaoming', id:
'12345678'} }">
</router-link>
```

在实际开发中，并非只有嵌套路由可以命名，一级路由也支持命名。建议当路由的参数较多时都将路由进行命名，通过对象的方式传参要比通过URL拼接路径的方式传参方便很多。

温馨提示

router-link 并不是必须使用的，我们也可以使用任何可交互的组件来处理路由跳转。使用组件实例中的路由对象直接调用 push 方法也可以实现一样的效果。在后续的项目开发中，会更多地采用这种方式进行路由控制。

还有一点需要注意，当应用有多个同级的路由入口时，路由需要匹配的组件就不再是一个，而是一组。假设我们应用的首页分为头部、内容部和尾部3部分，并且每个部分都是动态的，则可以定义3个路由入口，代码如下：

【源码见目录2/VueRouterDemo/src/App.vue】

```
<br/>
<router-view name="header"></router-view>
<br/>
<router-view></router-view>
<br/>
<router-view name="footer"></router-view>
```

其中router-view组件的name属性为路由入口命名，未命名的会被自动指定为“default”。在main.ts文件中新增一条路由规则，代码如下：

【源码见目录2/VueRouterDemo/src/main.ts】

```
{
   path:'/',
   components: {
      // 会默认匹配到未命名的router-view
      default: UserCenter,
      // 匹配到名为header的router-view
      header: Demo1,
       // 匹配到名为footer的router-view
      footer: Demo2,
   }
}
```

现在直接访问URL根路径，可以看到多个平级的组件被正确地挂载到对应的路由入口上。

2.3.4 路由中的导航守卫

关于Vue Router，我们还有最后一部分重要的内容要介绍——导航守卫。回忆这样的场景：当我们访问某个应用的需要用户登录才能访问的页面时，通常应用会自动跳转到登录页面，要求用户进行登录。像这种由于权限问题而需要将目标路由动态地重定向到其他路由的场景，使用导航守卫实现将非常简单。

导航守卫分为前置守卫、解析守卫和后置守卫。当一个路由跳转请求发生时，前置守卫会在导航跳转前先行调用，在前置守卫中，我们可以拒绝此次路由跳转，也可以进行重定向等修改操作。解析守卫在前置守卫调用后、要跳转的组件被解析前调用，可以在这个守卫中进行一些异步操作，完成之后再进行跳转。后置守卫会在路由跳转完成之后调用，后置守卫在页面性能分析、页面部分内容更改等方面用途很大。

前面我们在main.ts文件中定义了router路由表对象，可以通过此对象来添加全局的前置守卫、解析守卫和后置守卫，代码如下：

【代码片段2-29　源码见目录2/VueRouterDemo/src/main.ts】

```
// 添加全局的前置守卫
router.beforeEach((to, from)=>{
    console.log("beforeEach")
    console.log("to", to)
    console.log("from", from)
})
// 添加全局的解析守卫
router.beforeResolve((to, from)=>{
    console.log("beforeResolve")
    console.log("to", to)
    console.log("from", from)
})
// 添加全局的后置守卫
router.afterEach((to, from)=>{
    console.log("afterEach")
    console.log("to", to)
    console.log("from", from)
})
```

路由表实例对象的beforeEach方法用来添加一个前置守卫，beforeResolve方法用来添加一个解析守卫。注意，这两个守卫函数都可以使用return来返回一个布尔值，当返回值为true或者不返回任何值时，会认为此次路由跳转请求被允许，能够执行跳转；当返回值为false时，则此次跳转将被拒绝。这些方法也可以再返回一个新的路由对象，从而实现跳转的重定向。后面我们在编写包含用户体系的应用时，就会在前置守卫中进行用户登录状态的判定。afterEach方法用来添加一个后置守卫，后置守卫无须返回任何值，对导航跳转过程也没有影响。这3种守卫函数的参数中都会包含to和from，这两个分别是当前所在的页面路由对象和即将要跳转到的路由对象。路由对象中会包含路径参数以及其他相关信息。

现在，可以尝试运行项目，打开浏览器的调试模式，通过控制台的输出来观察路由守卫的调用顺序。

上面介绍的3种路由守卫都是全局的，即都是定义在路由表对象上的守卫，这样的全局守卫会作用于所有的路由导航上，任何路由的跳转都会触发守卫。还有一种只作用在单个路由对象上的守卫beforeEnter，示例如下：

【源码见目录2/VueRouterDemo/src/main.ts】

```
{
    path:'/demo1',
    component:Demo1,
    beforeEnter:(to:any, from:any)=>{
        console.log("将要进入Demo1页面，阻止本次跳转", to, from)
        return false
    }
}
```

上面的代码对“/demo1”路由添加了beforeEnter守卫，当要进入此路由的页面时，会调用beforeEnter守卫，此守卫也可以通过返回布尔值或新的路由对象来控制跳转行为。

另外，我们也可以在Vue组件内部定义守卫，组件内的守卫有两种，即beforeRouteLeave和beforeRouteUpdate，它们分别在将要更新组件的路由参数时以及将要离开组件时被调用。将UserCenter组件中的脚本代码修改如下：

【代码片段2-30　源码见目录2/VueRouterDemo/src/components/UserCenter.vue】

```
<script setup lang="ts">
import { onBeforeRouteLeave, onBeforeRouteUpdate } from 'vue-router';
// 即将离开此页面时调用
onBeforeRouteLeave((to, from)=>{
    console.log("即将离开用户中心", to, from)
    return false
})
// 当前页面路由参数更新时调用
onBeforeRouteUpdate((to, from)=>{
    console.log("即将更新参数", to, from)
    return false
})
</script>
```

beforeRouteLeave和beforeRouteUpdate同样支持返回布尔值来允许或拒绝此次路由变更操作。

下面，我们来总结一下使用Vue Router进行组件间导航的完整流程。

（1）首先触发导航请求。

（2）在即将离开的组件上调用beforeRouteLeave守卫。

（3）调用beforeEach全局前置守卫。

（4）如果是路由参数的更新，则调用组件的beforeRouteUpdate守卫。

（5）调用要展示的组件的beforeEnter守卫。

（6）进行路由组件的异步解析。

（7）调用beforeResolve全局解析守卫。

（8）此次导航操作请求被确认。

（9）调用afterEach全局后置守卫。

（10）更新页面。

温馨提示

本小节所介绍的添加导航守卫的方法是可以多次调用的，导航守卫允许被多次注册。例如，可以多次调用 beforeEach 方法来注册多个全局的前置导航守卫，在进行路由跳转时，将会按照注册顺序依次执行前置导航守卫函数。

2.4 Pinia 状态管理模块的应用

在Pinia出现之前，Vuex库是Vue官方配套的状态管理模块，随着Vue 3.x版本的发布以及组合式API的推广，Vuex使用起来逐渐变得不便。基于这样的背景，Pinia最初的设计方向是一个拥有组合式API的Vue状态管理工具。相比Vuex，Pinia对于Vue 3.x版本的用户更加友好，并且也支持非组合式API的用法，兼容Vue 2.x版本。

在介绍Pinia模块之前，我们首先要理解为什么需要进行状态管理。众所周知，Vue是一个响应式的前端开发框架，页面上渲染的元素内容能够以数据驱动的方式进行更新。在一个Vue组件中，要实现元素的响应性非常简单，只需将要绑定到元素中的数据定义为可响应性的，当数据发生变化时，模板中对应的元素内容即可自动更新。

Vue本身的状态管理框架在组件内是非常有效的，但是当我们需要进行跨组件的状态同步时，要维护状态数据就会比较困难。首先，Vue中的数据流是单向的，也就是说直接通过父组件传递给子组件的参数是只读的，子组件无法将修改行为传递回父组件，我们只能通过回调函数或全局对象的方式来共享状态。其次，对于平级的组件，组件间共用某个状态也比较困难，多个组件都对状态数据进行修改也极易产生难以回溯的异常。

Pinia框架可以让跨组件的状态共享变得容易，并且能够对状态的修改行为进行追踪，方便开发阶段的应用调试。本节我们就来对Pinia的应用做简单介绍，在后面的应用开发过程中，我们也将使用它来管理用户的登录数据等状态。

温馨提示

可回溯是软件开发中十分重要的一种特性。程序执行的可回溯性可以帮助开发者进行调试测试，并能够细粒度地掌控软件运行的行为。

2.4.1 尝试使用 Pinia

新建一个名为PiniaDemo的示例工程，在工程的根目录下执行如下指令安装Pinia模块：

```
npm install pinia --save
```

使用Pinia模块的功能之前，需要将它挂载到Vue应用实例上，将main.ts中的代码修改如下：

【代码片段2-31　源码见目录3/PiniaDemo/src/main.ts】

```
// 导入部分
import { createApp } from 'vue'
import './style.css'
import App from './App.vue'
import { createPinia } from 'pinia'
// 创建应用实例
let app = createApp(App)
// 挂载Pinia
app.use(createPinia())
createApp(App).mount('#app')
```

在components文件夹下新建两个示例组件，代码如下：

【代码片段2-32　源码见目录3/PiniaDemo/src/components/CounterDemo1.vue】

```
<!-- 导入Vue的ref函数 -->
<script setup lang="ts">
import { ref } from 'vue';

// 创建一个响应式变量count，初始值为0
let count = ref(0);
</script>

<!-- 定义一个模板 -->
<template>
    <!-- 当单击标题时，计数器加1 -->
    <h1 @click="count++">计数器1: {{ count }}</h1>
</template>
```

【源码见目录3/PiniaDemo/src/components/CounterDemo2.vue】

```
<!-- 导入Vue的ref函数 -->
<script setup lang="ts">
import { ref } from 'vue';

// 创建一个响应式变量count，初始值为0
let count = ref(0);
</script>

<!-- 定义一个模板 -->
<template>
    <!-- 当单击标题时，计数器加1 -->
    <h1 @click="count++">计数器2: {{ count }}</h1>
</template>
```

CounterDemo1和CounterDemo2组件会在页面上渲染出两个计数器，当用户单击计数器标签时，计数器的值会自增。这两个组件彼此独立，其计数也是独立的，即计数器1的值的改变不会影响计数器2的值。假设现在的需求是要让计数器1与计数器2的状态同步，任何一个计数器的值的改变都能实时同步到另一个计数器上。

使用Pinia来实现共享状态非常简单，首先定义一个“状态仓库”，在工程的src文件夹下新建一个名为CounterState.ts的文件，编写如下代码：

【代码片段2-33　源码见目录3/PiniaDemo/src/CounterState.ts】

```
import { defineStore } from "pinia";
// 定义一个状态仓库counter
export default defineStore('counter', {
    // 定义需要使用的状态数据
    state: () => {
        return {
            count: 0
        }
    }
})
```

使用Pinia中的defineStore函数来创建一个store实例，store可以理解为“仓库”，即存储状态数据的地方。在上面代码中，defineStore函数的第1个参数设置了当前store的名称，第2个参数是一个配置对象，其中通过state配置项来定义具体的状态数据，store中定义的状态数据具有响应性，可以直接使用。修改CounterDemo1和CounterDemo2组件的代码：

【源码见目录3/PiniaDemo/src/components/CounterDemo1.vue】

```
<!-- 导入Vue的ref函数 -->
<script setup lang="ts">
import { ref } from 'vue';
// 导入CounterState模块
import counter from '../CounterState'
// 创建一个计数器状态对象
const store = counter()
</script>

<!-- 定义一个模板 -->
<template>
    <!-- 当单击标题时，计数器加1 -->
    <h1 @click="store.count++">计数器1: {{ store.count }}</h1>
</template>
```

【源码见目录3/PiniaDemo/src/components/CounterDemo2.vue】

```
<!-- 导入CounterState模块 -->
<script setup lang="ts">
import counter from '../CounterState'
// 创建一个计数器状态对象
const store = counter()
</script>

<!-- 定义一个模板 -->
<template>
```

```
    <!-- 当单击标题时，计数器加1 -->
    <h1 @click="store.count++">计数器2：{{ store.count }}</h1>
</template>
```

如上述代码所示，获取到store实例后，直接通过状态名来使用状态即可。运行工程，可以看到两个计数器组件的值已经实时同步了。

使用Pinia管理状态的核心在于定义Store，Store的配置项除了state之外，还有getters和actions：state用来对状态数据进行定义；getters可以定义一些计算状态；actions用来提供逻辑函数，可以将状态的修改操作内聚。在下一小节，我们将对这些配置项做详细介绍。

2.4.2　Pinia 中的几个核心概念

使用Pinia的核心在于定义"状态仓库"Store。在定义Store时，我们可以对要使用的状态数据进行定义，例如：

【源码见目录3/PiniaDemo/src/CounterState.ts】

```
// 定义一个名为'teacher'的store，包含以下状态：
defineStore('teacher', {
    state: () => {
        return {
            name: 'Cici',           // 教师姓名
            age: 38,                // 教师年龄
            students: [],           // 学生列表
            subject: 'Vue'          // 教授的科目
        }
    }
})
```

对于将TypeScript作为核心开发语言的开发者来说，更多时候会将状态数据定义为接口，这样在定义state的时候代码逻辑会更加清晰。例如：

【代码片段2-34　源码见目录3/PiniaDemo/src/CounterState.ts】

```
// 定义学生数据模型接口
interface Student {
    name: string,
    id: number
}
// 定义教师数据模型接口
interface Teacher {
    name: string,
    age: number,
    students: [Student?],
    subject: string
}
// 定义教师数据store
defineStore('teacher', {
    state: (): Teacher => {
```

```
        return {
            name: 'Cici',
            age: 38,
            students: [],
            subject: 'Vue'
        }
    }
})
```

state选项中定义的状态可以直接使用，但有时某些状态数据需要经过运算才能使用，这时可以使用getters选项来配置“计算状态”。例如：

【源码见目录3/PiniaDemo/src/CounterState.ts】

```
// 定义“计算状态”，studentCount直接表示为学生数量
getters: {
    studentCount: (state) => {
        state.students.length
    }
}
```

通过getters配置项，可以更加灵活地组织状态数据，并且getters中的“计算状态”也可以直接返回一个函数，此返回函数是可以接收参数的，这就允许了调用方通过传参来对“计算状态”数据的计算行为进行控制。后面的项目中暂且使用不到这种语法，这里不做过多介绍。

Pinia中另外一个比较重要的概念是action。在Store中，可以通过actions选项定义一些操作函数，这些函数通常是对状态数据修改行为的封装。这样我们可以将一些复杂的状态变更逻辑都聚合在Store内部，从而增强程序的可扩展性和可维护性。例如前面定义的教师数据，我们可以为它定义一个新增学生的行为函数，代码如下：

【源码见目录3/PiniaDemo/src/CounterState.ts】

```
// 定义行为函数
actions: {
    addStudent(student: Student) {
        this.students.push(student)
    }
}
```

在Vue组件中，可以直接使用Pinia状态实例调用addStudent方法来新增学生对象。actions中也支持定义异步的操作，例如某些更改操作需要通过服务端，就可以使用异步的行为函数来实现。

Pinia模块还有许多高级的用法，比如对状态对象进行聚合更新、对状态数据或行为进行订阅等，但这些并非本书重点，因此不做介绍。如果读者有兴趣，可以自行查阅相关资料。

2.5 小结与上机练习

本章对前端开发部分与Vue配套的一些基础模块进行了系统的介绍，这些模块是后续开发项目

所必不可少的。

后面，我们会使用axios网络模块来与后端接口服务进行交互，例如用户登录与注册，电商用户端项目中的商品数据、订单数据等，后台管理端的商品管理和订单管理等。我们会使用Element Plus模块来构建电商用户端和后台管理端简约漂亮的交互页面，并将从服务端获取到的数据渲染到这些页面中。我们也会使用Vue Router路由模块来控制前端页面的切换，使用Pinia来管理共享的状态数据。通过这些基础模块的加持，我们可以更轻松，也更优质地完成完整的项目。

现在，回顾一下本章所介绍的内容，温故而知新，为进入下一章的学习做准备。

思考1：HTTP协议中的Method有何用途，其中最常用的get和post方法有何区别。

提示：方法（Method）是HTTP协议中重要的组成部分，可以从语义、协议格式、用途等方向阐述Method的用途。对于一般项目来说，get和post是最常用的两种HTTP方法，get方法通常用来向服务端获取数据，post方法通常用来发送数据到服务端。

思考2：在开发前端项目时，为何要使用axios，为何不直接请求完整的HTML数据？

提示：在传统的互联网应用架构中，客户端的确是通过直接请求完整的HTML数据来进行渲染的，因此这种架构方式也被称为服务端渲染模式。但是随着前端用户交互变得越来越复杂，前后端分离的开发方式越来越流行。这种开发模式可以让后端开发者完全专注于数据间的业务逻辑，让前端开发者专注于页面的布局与用户的交互，前后端通过服务接口来进行数据的通信，极大地提高了开发效率。

思考3：为何使用Element Plus可以极大提高前端页面的开发效率？

提示：Element Plus中封装了许多基础的UI组件，通过对这些组件进行配置、组合、扩展，可以快速开发出满足业务需求的前端页面。

思考4：前端路由的作用是什么？

提示：路由的本质是将URL与页面组件进行匹配，通过解析URL或URL中的某一部分来映射到对应的组件，通过URL的变化来对应地更新页面。

思考5：在使用Pinia进行状态管理时，将状态数据的更改封装为action有何好处？

提示：可以从状态的回溯、状态修改逻辑的内聚性等方面进行思考。

练习1：使用vue-axios发起POST、PUT和DELETE请求。

参照下述代码进行上机练习。

```
// 引入 axios 和 vue-axios
import axios from 'axios';
import VueAxios from 'vue-axios';

// 在 Vue 实例中注册 vue-axios
Vue.use(VueAxios, axios);

// 发起 POST 请求
axios.post('/api/endpoint', {
  data: {
    key1: 'value1',
```

```
    key2: 'value2'
  }
})
.then(response => {
  console.log(response.data);
})
.catch(error => {
  console.error(error);
});

// 发起 PUT 请求
axios.put('/api/endpoint/1', {
  data: {
    key1: 'new value1',
    key2: 'new value2'
  }
})
.then(response => {
  console.log(response.data);
})
.catch(error => {
  console.error(error);
});

// 发起 DELETE 请求
axios.delete('/api/endpoint/1')
.then(response => {
  console.log(response.data);
})
.catch(error => {
  console.error(error);
});
```

提　示
上述代码演示了如何使用 vue-axios 库来发起 POST、PUT 和 DELETE 请求。

在本例中，首先通过import语句引入了axios和vue-axios。然后，在Vue实例中使用Vue.use()方法注册了vue-axios。接下来，分别使用axios.post()、axios.put()和axios.delete()方法发起了对应的请求，并处理了响应或错误。

练习2： 上机练习使用Element Plus模块中提供的UI组件和图标库中提供的图标组件。

请参照下述代码上机练习。

```
<template>
  <div>
    <!-- 使用Element Plus的按钮组件 -->
    <el-button type="primary">主要按钮</el-button>
    <el-button>普通按钮</el-button>
    <el-button type="text">文字按钮</el-button>
```

```
    <el-button type="success">成功按钮</el-button>
    <el-button type="warning">警告按钮</el-button>
    <el-button type="danger">危险按钮</el-button>
    <el-button type="info">信息按钮</el-button>

    <!-- 使用Element Plus的图标组件 -->
    <el-icon name="el-icon-setting"></el-icon>
    <el-icon name="el-icon-edit"></el-icon>
    <el-icon name="el-icon-delete"></el-icon>
    <el-icon name="el-icon-search"></el-icon>
    <el-icon name="el-icon-share"></el-icon>
  </div>
</template>

<script>
import { ElButton, ElIcon } from 'element-plus';

export default {
  components: {
    ElButton,
    ElIcon
  }
}
</script>
```

提　示

上述代码演示了如何使用 Element Plus 模块中的按钮组件和图标组件。在模板部分，使用了 el-button 标签来创建不同类型的按钮，并设置了不同的类型属性（如 type="primary"、type="text"等）。同时，还使用了 el-icon 标签来显示图标，通过设置 name 属性来指定具体的图标名称。在脚本部分，导入了 ElButton 和 ElIcon 组件，并在组件选项中注册了它们，以便在模板中使用。读者还可以对按钮进行配置，以展示不同形状的按钮。

练习3：练习使用Element Plus表单组件。

请参照下述代码上机练习。

```
<!-- 使用Element UI的表单组件 -->
<template>
  <el-form ref="form" :model="form" label-width="80px">
    <!-- 用户名输入框 -->
    <el-form-item label="用户名" prop="username">
      <el-input v-model="form.username"></el-input>
    </el-form-item>
    <!-- 密码输入框 -->
    <el-form-item label="密码" prop="password">
      <el-input type="password" v-model="form.password"></el-input>
    </el-form-item>
    <!-- 提交和重置按钮 -->
    <el-form-item>
```

```
      <el-button type="primary" @click="submitForm('form')">提交</el-button>
      <el-button @click="resetForm('form')">重置</el-button>
    </el-form-item>
  </el-form>
</template>

<script>
import { ElForm, ElFormItem, ElInput, ElButton } from 'element-plus';

export default {
  components: {
    ElForm,
    ElFormItem,
    ElInput,
    ElButton
  },
  data() {
    return {
      form: {
        username: '',
        password: ''
      }
    };
  },
  methods: {
    // 提交表单
    submitForm(formName) {
      this.$refs[formName].validate(valid => {
        if (valid) {
          console.log('表单提交成功！');
        } else {
          console.log('表单验证失败！');
          return false;
        }
      });
    },
    // 重置表单
    resetForm(formName) {
      this.$refs[formName].resetFields();
    }
  }
}
</script>
```

提　示

上述代码演示了如何使用 Element Plus 表单组件。在模板部分，使用了 el-form 标签来创建表单，并通过 ref 属性给表单添加了一个引用名称（如"form"）。然后，使用 el-form-item 标签来定义表单项，并设置了标签文本和绑定的属性名（如 "username"、"password"）。

在每个表单项内部，使用了 el-input 标签来创建输入框，并通过 v-model 指令将输入框的值与表单数据进行双向绑定。最后，在表单底部添加了两个按钮，分别用于提交表单和重置表单。在脚本部分，导入了 ElForm、ElFormItem、ElInput 和 ElButton 组件，并在组件选项中注册了它们，以便在模板中使用。此外，还定义了表单的数据模型和提交、重置表单的方法。

练习4：练习Vue Router路由的使用。

要求：首先，创建一个名为router.js的文件，并在其中引入Vue和Vue Router；然后，定义一些路由规则和组件；最后，创建一个新的Vue实例，并将路由器挂载到该实例上。

参照以下步骤进行上机练习。

首先，在项目根目录下执行以下命令安装Vue Router：

```
npm install vue-router
```

然后，在src文件夹下创建一个名为components的文件夹，并在其中创建两个文件：Home.vue和About.vue。

```
Home.vue:
<template>
  <div>
    <h2>首页</h2>
    <p>欢迎来到首页！</p>
  </div>
</template>

About.vue:
<template>
  <div>
    <h2>关于我们</h2>
    <p>这是关于我们的页面。</p>
  </div>
</template>
```

接着，在src文件夹下创建一个名为router.js的文件，并添加以下内容：

```
// 导入Vue和VueRouter库
import Vue from 'vue';
import VueRouter from 'vue-router';

// 导入组件
import Home from './components/Home.vue';
import About from './components/About.vue';

// 使用VueRouter插件
Vue.use(VueRouter);

// 定义路由配置
const routes = [
  { path: '/', component: Home },              // 首页路由
```

```
  { path: '/about', component: About }     // 关于我们路由
];

// 创建VueRouter实例
const router = new VueRouter({
  mode: 'history',                          // 使用HTML 5的history模式
  base: process.env.BASE_URL,               // 设置基础路径
  routes // 应用路由配置
});

// 导出VueRouter实例
export default router;
修改src/main.js文件，将路由器挂载到Vue实例上
// 导入Vue库
import Vue from 'vue';
// 导入App组件
import App from './App.vue';
// 导入路由配置
import router from './router';

// 关闭生产模式下的提示
Vue.config.productionTip = false;

// 创建Vue实例
new Vue({
  // 注入路由配置
  router,
  // 渲染函数，将App组件渲染到页面上
  render: h => h(App)
}).$mount('#app'); // 挂载到id为app的元素上

在src/App.vue文件中，添加一个<router-view>标签，用于显示当前路由对应的组件
<!-- 定义一个名为app的div容器 -->
<div id="app">
  <!-- 导航栏 -->
  <nav>
    <!-- 首页链接 -->
    <router-link to="/">首页</router-link> |
    <!-- 关于我们链接 -->
    <router-link to="/about">关于我们</router-link>
  </nav>
  <!-- 用于显示路由内容的占位符 -->
  <router-view></router-view>
</div>
```

现在，当我们访问http://localhost:8080/时，将看到首页的内容；当我们访问http://localhost:8080/about时，将看到“关于我们”的页面内容。

练习5：完成Pinia模块对状态对象进行聚合更新的示例演示。

首先，在src/stores目录下创建一个名为user.js的文件，并添加以下代码：

```
// 导入 defineStore 函数，用于定义 store
import { defineStore } from 'pinia'

// 使用 defineStore 定义一个名为 user 的 store
export const useUserStore = defineStore({
  // 设置 store 的唯一标识符
  id: 'user',
  // 设置 store 的初始状态
  state: () => ({
    name: '',    // 用户名
    age: 0,      // 用户年龄
  }),
  // 定义 store 的动作，用于修改状态
  actions: {
    // 设置用户名的方法
    setName(name) {
      this.name = name
    },
    // 设置用户年龄的方法
    setAge(age) {
      this.age = age
    },
  },
})
```

接下来，在src/stores目录下创建一个名为app.js的文件，并添加以下代码：

```
// 导入 defineStore 函数，用于定义 store
import { defineStore } from 'pinia'
// 导入 useUserStore，用于获取 user store 的实例
import { useUserStore } from './user'
// 使用 defineStore 定义一个名为 app 的 store
export const useAppStore = defineStore({
  // 设置 store 的唯一标识符
  id: 'app',
  // 设置 store 的初始状态
  state: () => ({
    title: 'Pinia App',
  }),
  // 定义 store 的 getters，用于计算派生状态
  getters: {
    // 定义一个名为 fullTitle 的 getter，返回 app title 和 user name 的组合
    fullTitle() {
      // 使用 useUserStore() 获取 user store 的实例，然后访问其 name 属性
      return `${this.title} - ${useUserStore().name}`
    },
  },
})
```

提 示

在这个示例中，创建了两个 inia store：useUserStore 和 useAppStore。useUserStore 包含一个状态对象（name 和 age）和两个行为（setName 和 setAge），useAppStore 包含一个状态对象（title）和一个 getter（fullTitle），它使用 useUserStore 中的 name 属性来生成完整的标题。

现在，可以在组件中使用这两个 store。在 src/components 目录下创建一个名为App.vue的文件，并添加以下代码：

```
<template>
  <div>
    <!-- 显示全名 -->
    <h1>{{ fullTitle }}</h1>
    <!-- 显示名字 -->
    <p>Name: {{ name }}</p>
    <!-- 显示年龄 -->
    <p>Age: {{ age }}</p>
    <!-- 设置名字按钮，单击后调用setName方法设置名字为'John Doe' -->
    <button @click="setName('John Doe')">Set Name</button>
    <!-- 设置年龄按钮，单击后调用setAge方法设置年龄为30 -->
    <button @click="setAge(30)">Set Age</button>
  </div>
</template>

<script>
import { useAppStore } from '../stores/app'
import { useUserStore } from '../stores/user'

export default {
  setup() {
    // 获取appStore和userStore实例
    const appStore = useAppStore()
    const userStore = useUserStore()
    // 返回需要使用的数据和方法
    return {
      fullTitle: appStore.fullTitle,     // 全名
      name: userStore.$state.name,       // 名字
      age: userStore.$state.age,         // 年龄
      setName: userStore.setName,        // 设置名字的方法
      setAge: userStore.setAge,          // 设置年龄的方法
    }
  },
}
</script>
```

在这个组件中，使用了useAppStore和useUserStore，并将它们的状态和行为暴露给模板。此外，还添加了两个按钮，用于更新用户的名称和年龄。当单击这些按钮时，useUserStore中的状态将被更新，从而触发useAppStore中的getter重新计算。

第3章

后端服务基础模块及应用

前端和后端都是完整互联网项目必不可少的部分。前端主要负责与用户直接交互的相关功能，后端则主要负责数据的存储、提供、整合、计算等服务。我们要完成的电商项目将使用Express作为后端的主开发框架。当然，和前端项目类似，将Express和一些Node.js基础模块配合使用，可以极大地提高开发效率。

后端主要是和数据打交道，因此后端项目开发中需要重点关注的地方在于数据传输、数据存储、用户鉴权和数据安全等。

在数据传输方面，简单的GET请求将直接向URL中拼接参数键值对，POST方法的接口数据交互将传输JSON格式的数据。对于文件上传的场景，我们将使用一款名为Multer的Node.js中间件来实现。

在数据存储方面，文件将直接存储到本机的指定目录中（实际商业场景下，更多的是选择云存储），其他业务数据则需要使用一款数据库软件来实现存储，本项目将使用MySQL社区版数据库软件。MySQL本身是一个关系数据库管理系统，在大型商业应用中有着广泛的应用，其社区版是开源且免费的，就功能来讲，我们使用它来构建电商应用是绰绰有余的。此外，MySQL的学习成本不高，很多大学的计算机相关专业都会开设MySQL的课程，只需对SQL语句有初步了解即可上手使用MySQL来管理数据。

用户鉴权主要涉及用户的登录认证相关逻辑，我们将使用JWT技术来做用户登录鉴权，JWT全称为JSON Web Token，是一种互联网数据安全传输的开放标准。使用Node.js下的jsonwebtoken模块可以方便地生成Token令牌，以及对令牌进行解码和验证。

用户的数据安全也是非常重要的，尤其是账户安全。对于用户密码这类敏感数据，直接将它们存储在数据库中是非常危险的，我们可以使用bcrypt模块来对用户敏感数据进行加密。

本章是后端项目开发前的准备章节，将介绍文件上传、数据库、用户鉴权以及数据加密相关的模块的应用，之后也将在Express中使用这些模块。

本章学习目标：

- 通过后端服务上传文件到服务器。

- MySQL 的安装和简单使用。
- 在 Express 中使用 MySQL。
- Token 的生成和解码。
- 数据的加密操作。

3.1 文件上传服务

打开任意一个电商网站，都能看到其中有大量的图片内容，例如商品的展示图、运营的广告图等。这些图片有些是直接由服务端配置的，有些则是用户或管理员上传的，无论是普通用户还是管理员，对后端服务来说都属于前端用户。本节将介绍如何实现前端用户上传图片到服务器，并能从前端访问到此图片资源。

3.1.1 图片上传服务示例

首先使用generator-express-no-stress-typescript脚手架工具创建一个图片上传服务的模板工程，在终端执行如下指令即可：

```
yo express-no-stress-typescript UploadService
```

说明：yo是一个需要安装的工具包，可以回顾本书第1章介绍的环境搭建的相关内容。

脚手架项目创建完成后，在项目的根目录下执行如下指令进行Multer中间件的安装：

```
npm install multer --save
```

使用Multer中间件来开发文件上传服务非常简单，我们可以先在api.yml文件中定义上传图片的接口协议。面向协议开发是一种先进的编程方式，在需要前后端或跨部门跨团队合作时，在开发功能前最重要的任务就是定义好接口，只要定义好了接口，就有了前后端交互的明确方案规划，后续各个开发团队只需按照接口的定义来实现功能即可。对于本示例，只需将上传图片的接口描述、参数和返回值等定义清楚，前后端即可同步地按照接口的定义来实现各自的功能。

在api.yml的schemas部分添加如下内容：

【代码片段3-1 源码见目录3/UploadService/server/common/api.yml】

```
// 定义一个名为StandardBody的对象
StandardBody: {
  // 对象的标题
  title: "standard",
  // 对象的属性要求
  required: [
    "state",
    "data"
  ],
  // 对象类型为object
  type: "object",
```

```
    // 对象的属性定义
    properties: {
      state: {
        // state属性的类型为字符串
        type: "string",
        // state属性的示例值为"ok"
        example: "ok"
      },
      data: {
        // data属性的类型为对象
        type: "object",
        // data属性的示例值为空对象
        example: {}
      },
      msg: {
        // msg属性的类型为字符串
        type: "string",
        // msg属性的示例值为"example"
        example: "example"
      }
    }
  }
```

上面采用OpenAPI文档的标准语法定义了一个新的组件模板StandardBody，我们将它作为后端服务返回的数据结构的标准格式。

此结构中定义了3个字段，分别为state、data和msg。其中state用来描述当次请求的结果状态，为字符串格式；data是自定义的对象，用来包装业务数据；msg是描述信息，对当次请求做具体描述。

之后可以运行此后端项目，通过如下默认地址访问自动生成的文档：

```
http://localhost:3000/api-explorer/#/
```

可以看到，文档中已经新增了一个上传文件的接口，如图3-1和图3-2所示。

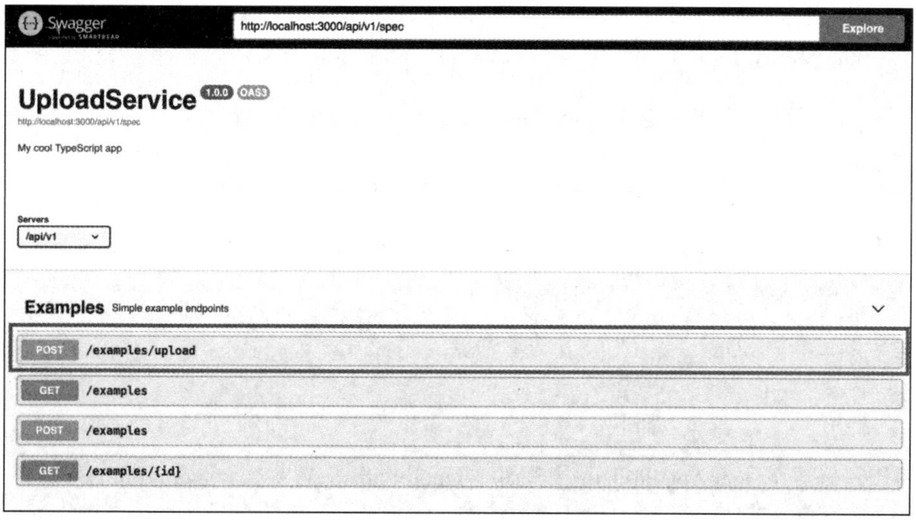

图 3-1　接口文档实例

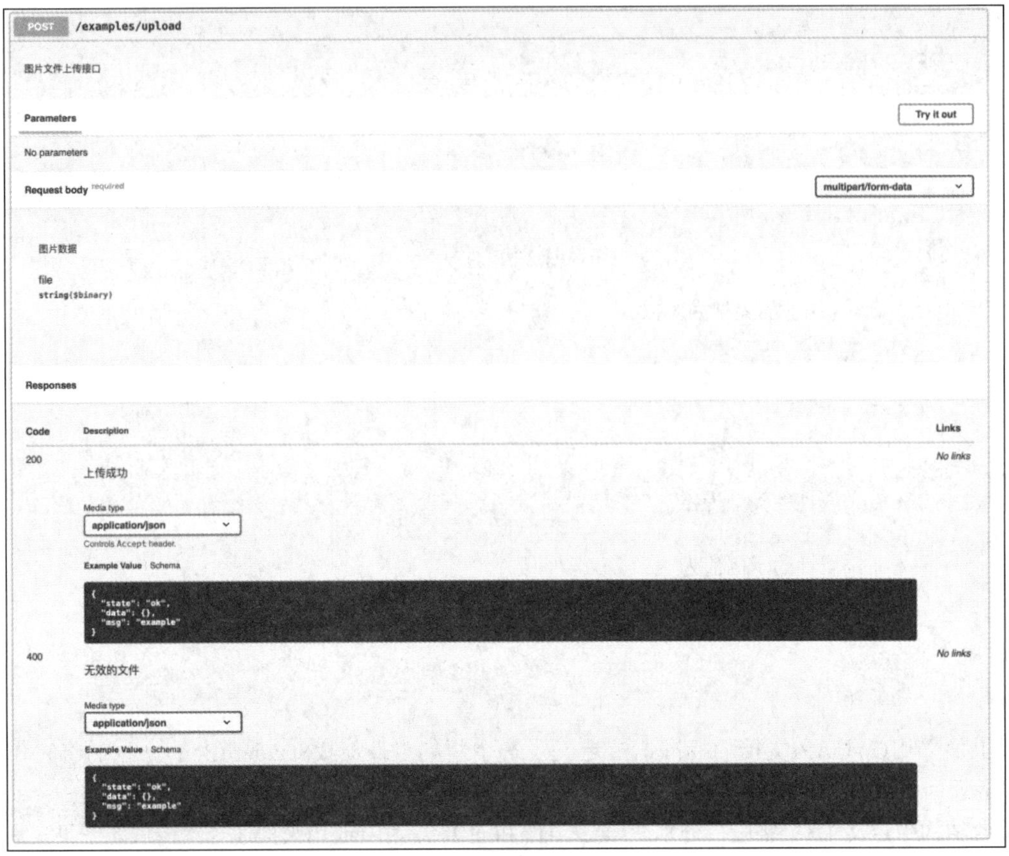

图 3-2　接口文档描述示例

现在，我们可以直接通过接口文档上的“Try it out”按钮来对接口进行测试，但是测试的结果一定是失败，因为目前还没有真正实现上传逻辑。下面我们就来实现它。

创建的模板工程会使用OpenApiValidator中间件来做请求结构的校验，此中间件会和我们要使用的Multer中间件发生冲突，因此需要修改server.ts文件中的与OpenApiValidator中间件的使用相关的代码，代码修改如下：

【代码片段3-2　源码见目录3/UploadService/server/common/server.ts】

```
app.use(
  OpenApiValidator.middleware({
    apiSpec,
    validateResponses,
    // 忽略对某些特殊路径的请求的格式校验
    ignorePaths: (path: string) => path.endsWith('/spec') ||
path.indexOf('/upload') >= 0,
  })
);
```

上面代码修改了OpenApiValidator中间件的ignorePaths配置参数，ignorePaths可以忽略一些特殊路径的请求校验。

在介绍Express工程的时候，将示例接口的核心逻辑都写在controller.ts文件中，这里上传图片的接口逻辑也可以写在controller.ts中，在Controller类中新增一个upload方法，代码如下：

【代码片段3-3　源码见目录3/UploadService/server/api/examples/controller.ts】

```
  upload(req: Request, res: Response): void {
    if (!req.file) {
      // 如果request实例中file属性为空，则表示multer文件接收失败，返回400
      res.status(400).json({
        msg:'上传图片失败',
        state: 'error',
        data: {}
      });
    } else {

      let newPath = req.file.destination + Buffer.from(req.file.originalname,
"latin1").toString("utf8")
      // 修改文件名
      fs.renameSync(req.file.path,newPath);
      // 返回上传成功的提示给客户端
      res.status(200).json({
        msg:'上传成功',
        state: 'ok',
        data: {}
      });
    }
  }
```

Multer中间件对请求解析成功后会向Request实例中添加file或files（如果有多个文件）对象，因为我们可以通过Request实例中的属性来判断上传逻辑是否正常。注意，上面代码中有用到fs模块，这是Node.js中操作文件的基础模块，需要引入：

```
import fs from 'fs'
```

最后，只需要在router.ts中新注册一个路由即可，将router.ts中的代码修改如下：

【代码片段3-4　源码见目录3/UploadService/server/api/examples/route.ts】

```
// 模块引入
import express from 'express';
import controller from './controller';
import multer from 'multer';
// 定义Multer中间件
const upload = multer({
  dest: 'uploads/'
});
export default express
  .Router()
  .post('/', controller.create)
  .get('/', controller.all)
  .get('/:id', controller.byId)
  .post('/upload', upload.single('file'), controller.upload);
```

上面代码设置上传的文件的存储路径为工程根目录下的uploads文件夹，如果文件夹不存在，那么存储时会自动创建。现在运行工程，尝试使用文档中的测试功能来上传一张图片到服务端，如果一切正常，则将在工程的uploads文件夹下看到从客户端上传的图片。如果想在客户端访问上传的图片，只需将uploads文件夹配置为静态路径即可，在server.ts中新增如下代码：

```
// 将根目录下的uploads路径设置为静态文件路径
app.use(express.static(`${root}/uploads`));
```

3.1.2　Multer 中间件的更多用法

Multer的使用非常简单且高效，对于使用multipart/from-data形式上传的文件，无须使用者做过多工作，可以直接处理。正如上一小节所介绍的示例，使用Multer中间件接收文件后，它会将接收到的文件添加到Express框架的Request对象中，其中body是随表单上传的文本域的数据，file和files是表单上传的文件信息数据（file为单个文件，files为多个文件）。

Multer中间件解析的文件信息对象结构如表3-1所示。

表 3-1　Multer 中间件解析的文件信息对象结构

属 性 名	意　义
fieldname	指定的文件表单名称
originalname	用户上传的文件的原始名称
encoding	编码方式
mimetype	文件类型
size	文件大小，以字节为单位
destination	文件的保存路径
filename	保存的文件的文件名
path	已上传文件的完整路径
buffer	存放完整文件的缓存数据

在3.1.1节的示例中，使用Multer中间件时，我们首先定义了一个Multer对象：

【源码见目录3/UploadService/server/api/examples/route.ts】

```
// 定义Multer中间件
const upload = multer({
  dest: 'uploads/'
});
```

multer方法会接收一个配置参数，例如其中的dest就是用来指定要存储文件的目标位置。multer方法完整的配置参数结构如表3-2所示。

表 3-2　multer 方法的配置参数

配 置 项	备　注	意　义
dest	字符串	设置文件存储的位置，dest 与 storage 只需设置其中之一
storage	存储引擎对象	设置存储引擎，后面介绍

（续表）

配置项	备注	意义
fileFilter	函数	用来过滤文件，可以控制某些文件进行存储或跳过存储

limits	对象，结构为：
	{
	fieldNameSize:field 名的最大长度。
	fieldSize:field 值的最大长度。
	fields:设置非文件 field 的最大数量。
	fileSize:设置文件最大长度。
	files:设置文件最大数量。
	parts:设置文件加非文件的表单的最大数量。
	headerPairs:设置表单中键值对的最大组数。
	}
		设置上传数据的相关限制

preservePath	布尔值	是否保存原始文件的完整路径

通常，对于简单的文件上传场景，只需配置dest即可，如果有更多存储需求需要定制，也可以自定义存储引擎。Multer默认提供了DiskStorage和MemoryStorage两个存储引擎，其中DiskStorage用来控制磁盘存储，用法示例如下：

【代码片段3-5 源码见目录3/UploadService/server/api/examples/route.ts】

```
// 使用DiskStorage引擎
// 定义DiskStorage对象
const storage = multer.diskStorage({
  // 对存储路径进行配置
  destination: function(req, file, callback) {
    console.log(req, file)
    callback(null, 'uploads/')
  },
  // 对文件名进行配置
  filename: function(req, file, callback) {
    console.log(req, file)
    callback(null, Date.now() + file.originalname)
  }
})
// 定义Multer对象
const upload2 = multer({
  storage: storage
})
```

注意，DiskStorage中的destination选项既可以设置为函数，也可以设置为字符串，当设置为字符串时，就是指定绝对存储路径，如果设置的路径文件夹不存在，Multer会负责创建；当设置为函数时，则可以更灵活地指定存储路径，但是Multer不会负责文件夹的创建。

除了DiskStorage之外，也可以使用MemoryStorage引擎进行内存存储，示例如下：

【代码片段3-6　源码见目录3/UploadService/server/api/examples/route.ts】

```
// 内存存储
const cache = multer.memoryStorage()
const upload3 = multer({
  storage: cache
})
```

当将MemoryStorage作为存储引擎时，文件数据会以Buffer的形式保存在内存中，虽然使用方便，但是过多的文件可能会导致内存溢出。因此，根据实际应用场景来选择要使用的存储引擎。

最后我们来看一下Multer中间件的使用。在3.1.1节的示例代码中调用了Multer对象的single方法来创建中间件，此方法的作用是接收一个fieldname文件。除此之外，Multer还有一些其他的常用中间件方法，如表3-3所示。

表 3-3　Multer 常用中间件方法

方 法 名	参　数	意　义
single	fieldname：文件表单名称	接收单个上传的文件
array	fieldname：文件表单名称 maxCount：最多接收个数	接收一组上传的文件
fields	fields：配置为列表，设置一组 field 的名称和最大接收文件个数	接收一组混合 fields 上传的文件
none	无	不接收文件，只接收文本数据
any	无	接收所有上传的文件

温馨提示

虽然 Multer 作为中间件使用起来非常方便，但是应尽量只在指定的路由上使用，避免用户向未定义的路由上传文件造成异常。

3.2　在 Express 中使用 MySQL 数据库

后端服务的核心任务是进行数据处理。对于一个完整的电商应用来说，用户的账户数据、商品数据、订单数据等都需要存储在服务器中，并且在前端页面访问对应功能时，将数据整理成合适的结构返回给前端应用。

MySQL是一款流行的数据库管理软件，它是一种关系数据库，不同结构的数据会保存在不同的表中。数据库管理软件不仅提供数据的存储功能，还提供非常高效的查询能力，同时MySQL社区版是开源免费的，安装和使用都非常方便。我们只需要掌握一些基础的SQL语句即可使用。

本节将安装和搭建MySQL环境，并介绍如何在Express中连接和使用MySQL数据库。

3.2.1　MySQL 数据库的安装和简单使用

MySQL的安装非常简单，可以直接访问如下网址，里面提供了各种系统版本的MySQL社区版软件：

```
https://dev.mysql.com/downloads/mysql/
```

网站页面如图3-3所示，我们可以在此页面选择要下载的软件版本和系统版本。

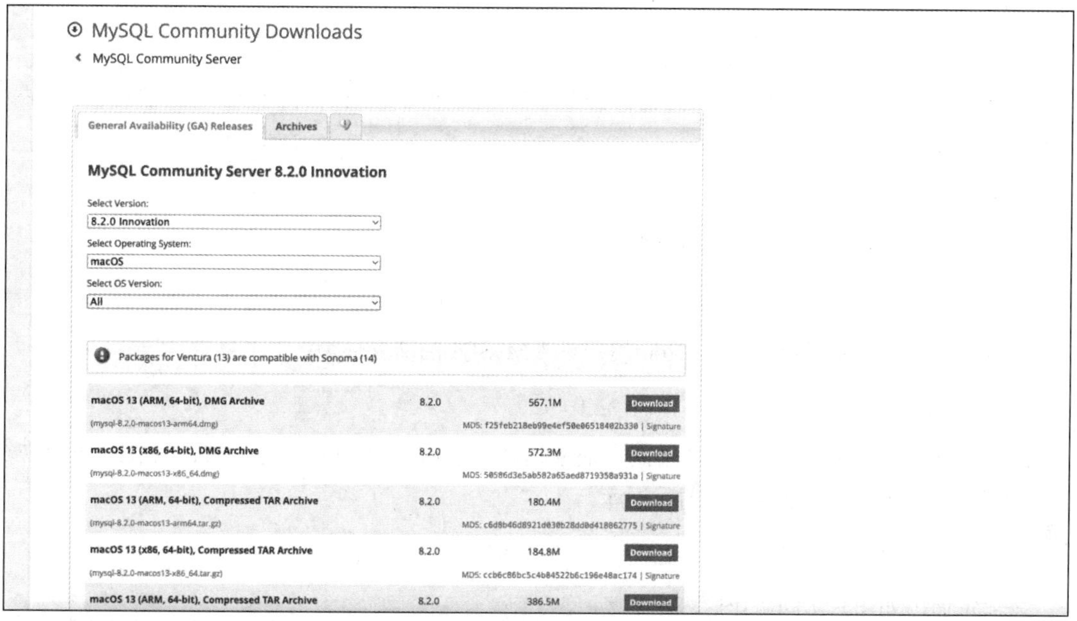

MySQL Community Downloads
MySQL Community Server
General Availability (GA) Releases
Archives
MySQL Community Server 8.2.0 Innovation
Select Version:
8.2.0 Innovation
Select Operating System:
macOS
Select OS Version:
All
Packages for Ventura (13) are compatible with Sonoma (14)
macOS 13 (ARM, 64-bit), DMG Archive　8.2.0　567.1M　Download
(mysql-8.2.0-macos13-arm64.dmg)
macOS 13 (x86, 64-bit), DMG Archive　8.2.0　572.3M　Download
(mysql-8.2.0-macos13-x86_64.dmg)
macOS 13 (ARM, 64-bit), Compressed TAR Archive　8.2.0　180.4M　Download
(mysql-8.2.0-macos13-arm64.tar.gz)
macOS 13 (x86, 64-bit), Compressed TAR Archive　8.2.0　184.8M　Download
(mysql-8.2.0-macos13-x86_64.tar.gz)
macOS 13 (ARM, 64-bit), Compressed TAR Archive　8.2.0　386.5M　Download

图 3-3　MySQL 社区版下载

以macOS为例，下载完成后会得到一个dmg格式的安装文件，直接安装即可。安装完成后，可以在“设置”中看到MySQL，如图3-4所示。

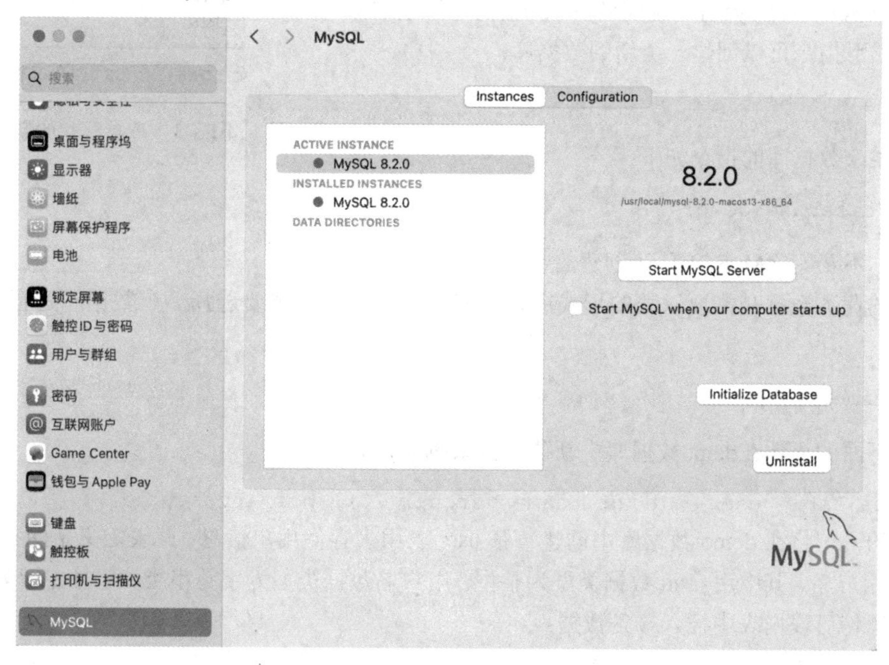

图 3-4　安装的 MySQL 软件

在“设置”中，我们可以对一些简单的配置进行修改，目前无须操作，直接单击右侧的“Start MySQL Server”按钮即可启动MySQL数据库服务。

MySQL服务启动后，可以通过终端命令来访问。首先需要配置环境变量，在终端中输入如下指令来使用vim打开环境变量配置文件：

```
vim ~/.bash_profile
```

vim是一款常用的文件编辑器工具。打开配置文件后，输入i进行编辑模式，在配置文件中插入如下环境配置语句：

```
PATH=$PATH:/usr/local/mysql/bin
```

之后执行如下指令来刷新环境变量配置：

```
source ~/.bash_profile
```

接着在终端输入如下指令来使用root用户进入MySQL的交互环境：

```
mysql -u root -p
```

注意，这里会要求输入root用户密码，而密码在安装MySQL时会进行设置。现在，可以在交互环境中输入如下指令来显示已有的数据库：

```
show databases;
```

终端将输出如图3-5所示的内容。

```
+--------------------+
| Database           |
+--------------------+
| information_schema |
| mysql              |
| performance_schema |
| sys                |
+--------------------+
4 rows in set (0.02 sec)
```

图 3-5　查看已有的数据库

从图3-5中可以看到，MySQL软件安装后，会默认创建几个数据库，其中information_schema用于存储服务器的系统信息，mysql用于保存MySQL软件运行的基本配置信息，performance_schema和sys用于监控MySQL的各类性能指标。

输入如下指令可以创建一个新的数据库：

```
create database demo;
```

删除某个数据库的指令如下：

```
drop database demo;
```

注意，不要删除MySQL默认创建的数据库。

真正的业务数据是需要以表的形式进行存储的，因此首先需要选择一个数据库进行使用，例如：

```
use demo;
```

使用下面的语句在demo数据库中新建一张数据表：

```
create table user (id int, name varchar(20), primary key(id));
```

上面的语句将在 demo 数据库中创建一张 user 表用来存储用户信息，此表定义了两列，分别为用户 id 和用户名，其中用户 id 数据类型为整型，用户名数据类型为字符串类型，且主键为用户 id。

下面语句可以向表中插入一条数据：

```
insert into user (id, name) values (1001, 'huishao');
```

插入成功后，可以使用如下语句查看数据库中的所有数据：

```
select * from user;
```

select相关语句是数据库查询数据的核心。select语句有着复杂但强大的查询语法，后续在实践项目中使用到时再详细介绍。

在终端执行exit指令可以直接退出MySQL交互环境：

```
exit
```

至此，我们已经完成了MySQL基本环境的安装，并对MySQL的简单使用做了介绍。在实际应用中，我们会在Express工程中直接连接MySQL，并使用Node.js相关模块对MySQL进行调用。

3.2.2　在 Express 中调用 MySQL 的相关功能

只需要安装一个Node.js平台上的MySQL模块，就可以在Express中调用MySQL相关功能。例如，新建一个名为SQLDemo的Express示例工程，命令如下：

```
yo express-no-stress-typescript SQLDemo
```

在工程的根目录下直接执行如下指令来安装MySQL模块：

```
npm install mysql2 --save
```

安装完成后，我们可以在工程中封装一个数据库管理工具，让它负责数据库的连接、数据查询和插入等操作。

在工程的server目录下新建一个名为untils的文件夹，在其中创建一个名为sqlUtils.ts的文件，编写如下代码：

【代码片段3-7　源码见目录3/SQLDemo/server/utils/sqlUtils.ts】

```
import mysql from 'mysql2'
// 数据库配置对象
const sqlConfig = {
  host: 'localhost',          // 连接数据库的地址
  user: 'root',               // 用户名
  password: 'qwer1234',       // 用户密码
  port: 3306,                 // 端口号
  database: 'demo'            // 要使用的数据库名字
}
// 创建连接池
const pool = mysql.createPool(sqlConfig)
// 定义执行SQL语句的方法
function exec(sql: string) {
  // 返回一个Promise对象
  return new Promise((resolve, reject)=>{
    // 从连接池中获取一个连接
    pool.getConnection((err, connect) => {
      if (err) {
        reject(err)
```

```
            } else {
                // 执行SQL操作
                connect.query(sql, (error, result)=>{
                    if (error) {
                        reject(error)
                    } else {
                        resolve({ result })
                    }
                })
            }
            // 释放连接
            connect?.release()
        })
    })
}
// 定义查询数据的方法
let queryData = (table: string, callback: (data: any)=>void) => {
    let sql = `select * from ${table}`
    exec(sql).then(result => {
        callback(result)
    })
}

// 定义插入数据的方法
let insertData = (table: string, keys: string[], values: any[], callback: (data:
any)=>void) => {
    // 拼接完整的SQL语句
    let keyString = "("
    keys.forEach((key)=>{
        keyString += key + ","
    })
    keyString = keyString.substring(0, keyString.length - 1)
    keyString += ')'
    let valueString = "("
    values.forEach((value)=>{
        if (typeof value === 'string') {
            valueString += "'" + value + "'" + ","
        } else {
            valueString += value + ","
        }
    })
    valueString = valueString.substring(0, valueString.length - 1)
    valueString += ')'
    let sql = `insert into ${table} ${keyString} values ${valueString}`
    exec(sql).then(result => {
        callback(result)
    })
}
// 导出工具方法
export {queryData, insertData}
```

在上面代码中，sqlConfig定义了连接数据库的必要参数，因为MySQL服务就是在本机上启动的，所以直接设置host为本机地址localhost即可；user和password设置为登录数据库的用户名和密码；port设置为3306，这是MySQL服务的默认端口号，一般无须修改。

createPool方法用来创建一个连接池。顾名思义，连接池会维护一组连接，当需要进行数据库操作时，我们直接从连接池中获取空闲的连接进行使用，这样会比单独创建连接要高效。exec函数是我们封装的执行SQL操作的方法，本身比较简单。此外，还定义了两个具体的数据操作方法，queryData方法用来查询某张表中的所有数据，insertData用来向某张表中插入数据。

现在，我们可以定义两个接口来对数据库的操作方法进行测试。首先，在api.yml中的paths选项下编写接口定义代码如下：

【代码片段3-8　源码见目录3/SQLDemo/server/common/api.yml】

```
  /examples/sql:
    get:
      tags:
      - Examples
      description: 获取user库中的所有数据
      responses:
        200:
          description: user库中的所有数据
          content: {}
    post:
      tags:
      - Examples
      description: Create a new example
      requestBody:
        description: an example
        content:
          application/json:
            schema:
              title: user
              required:
              - name
              - id
              type: object
              properties:
                name:
                  type: string
                  example: username
                id:
                  type: number
                  example: 1002
        required: true
      responses:
        200:
          description: 新增数据
          content: {}
```

这里定义了两个新的接口，路径为“/examples/sql”，当使用GET方法进行访问时，将返回user表中的所有数据，当使用POST方法进行访问时，可以向user表中插入新的数据。

温馨提示

本小节示例所使用的 demo 数据库和 user 表是在上一小节中创建的，使用前需要保证这些库和表都存在，且数据库服务已开启。

然后，在controller.ts文件中新增两个接口方法，代码如下：

【源码见目录3/SQLDemo/server/api/controllers/examples/controller.ts】

```
query(_: Request, res: Response): void {
  queryData('user', (data) => {
    res.json(data)
  })
}
insert(req: Request, res: Response): void {
  const id = Number.parseInt(req.body['id']);
  const name = req.body['name']
  insertData('user', ['id', 'name'], [id, name],()=>{
    res.send('插入完成')
  })
}
```

这两个接口方法的逻辑非常简单，直接调用数据库工具函数来进行查询和插入操作，并返回数据到客户端。

最后，在router.ts文件中进行路由的注册。完成注册后运行工程，我们可以在API文档页面对新增的接口进行测试，如果一切正常，那就可以通过接口来查询MySQL数据库中的数据，也能够向指定的数据库表中插入新的数据。

3.3　使用 JSON Web Token 实现身份授权和验证

JSON Web Token，简称为JWT或JSON令牌，是一种在网络之间安全传输信息的开放标准。所谓开放标准，可以理解为一种规范协议，在互联网应用中使用此协议来进行身份授权和验证。

3.3.1　JSON Web Token 简介

在有用户体系的互联网应用中，服务端通常会在用户登录后授权一个Token字符串给用户，之后在与服务端交互的时候，用户可以将此Token作为自身的身份认证凭证。JWT本身非常轻量且是无状态的，包含了认证用户身份的所有必要信息，有着有非常好的可扩展性和安全性。

JWT的工作流中主要包含3种角色：

（1）凭证颁发者。

（2）用户。

（3）凭证验证者。

通常，凭证颁发者和凭证验证者是应用程序的服务端，用户则是应用程序的客户端。客户端与服务端进行交互时，首先由客户端发起请求，将能够描述用户身份的用户名和密码发送到服务端；之后服务端在验证用户名和密码的正确性后，创建一个JWT令牌并返回给客户端。此JWT令牌包含声明信息、用户身份信息等，并且会使用私钥来进行加密。客户端拿到此令牌后会将它存储到本地，之后与服务端的交互可以将此令牌携带发送；服务端收到客户端请求携带的令牌后，可以使用公钥进行解密，从而验证客户端的身份。

JWT的数据由3部分构成：

（1）Header部分。

（2）Payload部分。

（3）Signature签名。

其中，Header部分是一个JSON对象，存储了令牌的类型和签名算法等信息；Payload部分存储的也是JSON对象，包含一些常用声明以及用户自定义的信息，用户的自定义信息可以存放用户的标识以及权限等级等。常用的声明字段列举如表3-4所示。

表 3-4　常用的声明字段

字 段 名	意　义
iss	令牌的发行者
sub	令牌的主题，可以是用户的标识
aud	令牌的接收者
exp	令牌的过期时间
iat	令牌的颁发时间
nbf	令牌的生效时间
jti	令牌的唯一标识

令牌的Signature签名部分实际上就是将Header和Payload组合起来，并使用秘钥进行哈希运算，通过签名信息的对比可以防止令牌在传输过程中被篡改。

在实际应用中，令牌的生成无须关注，Node.js平台下有现成的模块可以直接使用，之后我们将演示如何在Express中使用JWT。

3.3.2　在 Express 中使用 JWT

使用脚手架工具创建一个名为JWTDemo的Express工程，在工程根目录下使用如下指令安装jsonwebtoken模块：

```
npm install jsonwebtoken --save
```

我们计划实现两个示例接口，一个接口需要客户端发送用户名和用户id到服务端，服务端接收到后用它们生成一个JWT令牌并返回给客户端；另一个接口需要客户端将JWT令牌发送到服务端，服务端进行有效性验证，如果验证通过，则将解析出的用户名和用户id返回给客户端，否则将验证异常的消息返回给客户端。

首先定义接口文档，代码如下：

【代码片段3-9　源码见目录3/JWTDemo/server/common/api.yml】

```
/examples/token:
 post:
   tags:
   - Examples
   description: 获取Token
   requestBody:
     description: 用户信息
     content:
       application/json:
         schema:
           required:
           - name
           - id
           type: object
           properties:
             name:
               type: string
               example: huishao
             id:
               type: number
               example: 1101
     required: true
   responses:
     200:
       description: 返回token
       content:
         application/json:
           schema:
             type: object
             properties:
               token:
                 type: string
                 example: xxxxxx
/examples/userInfo:
 post:
   tags:
   - Examples
   description: 用Token换取用户信息
   requestBody:
     description: Token
     content:
       application/json:
         schema:
           title: Token
```

```
        required:
        - token
        type: object
        properties:
          token:
            type: string
            example: tokenString
    required: true
  responses:
    200:
      description: 返回UserInfo
      content:
        application/json:
          schema:
            type: object
            properties:
              name:
                type: string
                example: name
              id:
                type: number
                example: 1101
```

上面代码定义了两个接口，都使用post方法。

然后，在controller.ts文件中对应实现两个处理函数，核心示例代码如下：

【代码片段3-10　源码见目录3/JWTDemo/server/api/controller/examples/controller.ts】

```
// 引入jsonwebtoken模块
import jsonwebtoken from 'jsonwebtoken';
// 定义秘钥
const secretKey = 'secret-key';
export class Controller {
  // 获取Token
  getToken(req: Request, res: Response): void {
    // 获取客户端发送的用户名和用户id
    const id = Number.parseInt(req.body['id']);
    const name = req.body['name'];
    // 生成Token，设置过期时间为60秒
    let token = jsonwebtoken.sign({name: name, id: id}, secretKey, {
      expiresIn: 60
    })
    // 将Token返回给客户端
    res.json({token})
  }
  // 使用Token获取用户信息
  getUserInfo(req: Request, res: Response): void {
    // 获取客户端发送的Token
    const token = req.body['token'];
    // 进行验证
    let user = jsonwebtoken.verify(token, secretKey, (err: any, decode: any)=>{
```

```
        if (err) {
          // 验证失败，返回验证失败
          res.status(200).json({ err: '身份验证失败' });
        } else {
          // 验证成功，将解码后的数据返回给客户端
          res.status(200).json(decode);
        }
      })
    }
  }
  export default new Controller();
```

代码中，secretKey是我们定义的秘钥，对于Token的生成和验证都在同一个服务端的应用场景，直接使用统一的秘钥进行加解密即可。sign方法的第1个参数设置自定义的Payload数据，第2个参数为要使用的秘钥（注意，此秘钥要妥善保管，避免泄露），第3个参数用来配置令牌的声明信息，如expriesIn字段用来配置令牌的有效期。

最后，在router.ts文件中进行路由的注册，代码如下：

【源码见目录3/JWTDemo/server/api/controller/examples/router.ts】

```
import express from 'express';
import controller from './controller';
export default express
  .Router()
  .post('/token', controller.getToken)
  .post('/userInfo', controller.getUserInfo);
```

运行工程，通过浏览器可以测试Token的生成和验证功能。后面在开发电商项目时，我们将用类似的方式进行接口交互的用户认证。

3.4 使用 bcrypt 加密模块实现商城安全

一个成熟的商业软件必须有一些手段来保证用户的数据安全。但是，无论程序进行了怎样充分的安全保护，开发者依然无法百分之百地保证自己的数据库不被黑客攻破。因此，在假使数据库被攻破的情况下，如何最大可能地保护用户的账户数据就是我们要考虑的核心问题。

用户的数据主要由用户密码进行保护，也就是说，如果拿到了用户的账户和明文密码，那么任何人都可以畅通无阻地访问此用户的数据。因此，服务端直接将用户的密码明文存储在数据库中，明显是不够安全的。bcrypt是一种加密工具，使用哈希算法来将要加密的数据映射为固定长度的字符串。同时，为了防止黑客通过查表的方式暴力破解密码，bcrypt在进行数据加密时还会混入“盐值”，随机的盐值可以使相同的数据每次加密都获得不同的哈希值。

在后续的项目开发中，服务端的数据库不会明文存储用户的密码，对于用户密码的存储和验证，我们会以如下的流程处理：

（1）用户注册时设置账户名和密码，服务端将密码与随机的盐值进行加密后得到哈希值，将

此哈希值存储到数据库中。

（2）用户登录时，将用户的密码以相同的盐值和加密算法进行加密，然后比较哈希值，如果哈希值一致，则表明用户登录成功，服务端使用用户信息生成Token并返回给用户。

下面我们来看一看如何在Express中使用bcrypt模块。

首先，使用脚手架工具新建一个命名为BcryptDemo的示例工程。为了演示bcrypt的使用，我们计划实现两个接口：

（1）客户端发送一个字符串到服务端，服务端进行加密后将得到的哈希值返回给客户端。

（2）客户端发送一个加密后的哈希值和要验证的字符串到服务端，服务端进行验证，如果要验证的字符串加密后的结果与客户端发送的哈希值一致，则返回验证成功，否则返回验证失败。

然后，安装Node.js环境下的bcrypt模块：

```
npm install bcrypt --save
```

接着，定义接口，代码如下：

【代码片段3-11　源码见目录3/BcraptDemo/server/common/api.yml】

```
/examples/crypt/{info}:
  get:
    tags:
    - Examples
    description: 进行数据加密
    parameters:
    - name: info
      in: path
      description: 要加密的数据
      required: true
      schema:
        type: string
    responses:
      200:
        description: Returns all examples
        content:
          application/json:
            schema:
              title: result
              properties:
                hash:
                  type: string
                  example: xxxx
/examples/crypt:
  post:
    tags:
    - Examples
    description: 对加密的数据进行验证
    requestBody:
      description: Hash和要验证的数据
```

```
      content:
        application/json:
          schema:
            properties:
              info:
                type: string
                example: xxxx
              hash:
                type: string
                example: xxxx
      required: true
    responses:
      200:
        description: 验证结果
        content: {}
```

在上述代码中，在调用get方法时，将要加密的数据拼接在URL中，服务端会完成加密并将加密后的结果返回给客户端；调用post方法来进行加密数据的验证。

接下来，在controller.ts文件中对应地实现两个方法，代码如下：

【代码片段3-12　源码见目录3/BcraptDemo/server/api/controllers/examples/controller.ts】

```
import bcrypt from 'bcrypt';
export class Controller {
  // 进行数据加密
  crypt(req: Request, res: Response): void {
    // 解析出要加密的数据
    const info = req.params['info'];
    // 调用hashSycn方法进行同步加密，第1个参数为要加密的数据，第2个参数设置盐值的随机性
    let hash = bcrypt.hashSync(info, 10);
    // 返回加密结果
    res.json({hash});
  }
  // 进行数据验证
  compare(req: Request, res: Response): void {
    // 要验证的数据
    const info = req.body['info'];
    // 加密后的Hash值
    const hash = req.body['hash'];
    // 进行同步验证
    let result = bcrypt.compareSync(info, hash);
    // 返回结果
    res.json({msg: result ? '验证通过':'验证失败'});
  }
}
```

在上述代码中，hashSync是bcrypt模块中提供的同步加密方法，其第2个参数设置的值会影响生成的盐的复杂度，复杂度越高，相对安全性越高，但加密耗时也会越长；compareSync方法可以直接传入加密前的数据和加密后的结果进行验证，bcrypt模块会将盐值内置写入哈希结果中，因此加密锁使用的盐值无须存储。

最后，在router.ts文件中进行新增路由的注册，代码如下：

【源码见目录3/BcraptDemo/server/api/controllers/examples/router.ts】

```
import express from 'express';
import controller from './controller';
export default express
  .Router()
  .post('/crypt', controller.compare)
  .get('/crypt/:info', controller.crypt);
```

运行工程，使用API文档的测试功能体验一下bcrypt的加密能力吧。

3.5　小结与上机练习

本章主要介绍了后端项目开发过程中所必要的依赖模块，主要涉及上传文件、数据存储、客户端身份认证和加密。

对于客户端的上传文件请求，使用Multer中间件可以快速处理，并且能够方便地对文件的存储位置、名称等进行定制。

数据存储部分主要介绍了MySQL数据库的安装和使用，并通过使用mysql2模块在Express项目中直接操作数据库。

客户端身份认证部分，我们主要介绍了JWT技术，通过Token的签发和验证来识别用户身份。

在数据安全方面，介绍了bcrypt加密库的用法。

本章所介绍的这些模块在后续的后端项目开发中都会用到，并且从下一章开始我们将正式进入项目的编写阶段。现在再回顾一下本章所介绍的内容吧。

思考1：对于客户端上传文件到服务端的场景，为何需要对图片的命名进行规范？

提示：客户端的文件的命名方式是不可控的，重名和名称非法会导致难以预测的异常风险，因此服务端在接收图片后需要进行一遍规范的命名。

思考2：使用数据库来管理数据的好处有哪些？

提示：对于大型互联网应用，要管理的数据可能会非常庞大，当数据量达到一定量级的时候，数据的存储和查询都会非常烦琐。数据库软件就是专为这种大数据量场景的数据查询、修改、组合等操作服务的，数据库软件将采用合理的结构来组织数据，并使用索引等技术来提高数据操作效率，是大型互联网项目开发所必备的。

思考3：使用Token的方式进行身份认证比直接使用密码来进行身份认证好在哪里？

提示：Token本身是加密的，可以减少数据传输过程中的风险。此外，Token也有很好的防篡改功能，并且能够设置生效时间、有效期等。

思考4：在数据库中存储用户密码时为何要加密？

提示： 密码对于用户来说是非常敏感的数据，有了用户的密码，理论上就可以获取到与用户相关的所有数据。因此，以加密的方式在数据库中存储密码，当数据库产生泄露时，不会造成用户密码的泄露。

练习1： 用multer模块实现文件上传服务。

请参照以下步骤进行上机练习。

首先，确保已经安装了multer模块。如果没有，请运行以下命令进行安装：

```
npm install multer
```

接下来，创建一个简单的Express应用，用于演示如何使用multer模块处理文件上传。

（1）创建一个名为app.js的文件，并添加以下代码：

```
const express = require('express');
const multer = require('multer');
const app = express();

// 配置multer
const storage = multer.diskStorage({
  destination: (req, file, cb) => {
    cb(null, 'uploads/');
  },
  filename: (req, file, cb) => {
    cb(null, Date.now() + '-' + file.originalname);
  }
});

const upload = multer({ storage: storage });

// 文件上传路由
app.post('/upload', upload.single('file'), (req, res) => {
  res.send('File uploaded successfully');
});

// 启动服务器
app.listen(3000, () => {
  console.log('Server is running on port 3000');
});
```

（2）在项目根目录下创建一个名为uploads的文件夹，用于存储上传的文件。

（3）运行app.js文件：

```
node app.js
```

现在，可以使用Postman或其他API测试工具向/upload端点发送请求，以测试文件上传功能。请确保在请求中包含一个名为file的文件参数。

练习2：使用Express连接MySQL数据库。

要使用Express连接MySQL数据库，首先需要安装必要的依赖包，如MySQL和Express，然后创建一个Express应用并配置MySQL连接。

请参照以下步骤进行上机练习。

（1）安装依赖包：

```
npm install express mysql
```

（2）创建一个名为app.js的文件，并添加以下代码：

```
const express = require('express');
const mysql = require('mysql');

const app = express();
const port = 3000;

// 创建MySQL连接
const connection = mysql.createConnection({
  host: 'localhost',
  user: 'root',
  password: 'your_password',
  database: 'your_database'
});

// 连接到MySQL
connection.connect((err) => {
  if (err) {
    console.error('Error connecting to MySQL:', err);
    return;
  }
  console.log('Connected to MySQL');
});

// 创建一个路由，用于获取数据
app.get('/data', (req, res) => {
  // 查询数据
  connection.query('SELECT * FROM your_table', (err,

results) => {
    if (err) {
      console.error('Error querying data:', err);
      res.status(500).send('Error querying data');
      return;
    }
    res.json(results);
  });
```

```
});

// 启动Express应用
app.listen(port, () => {
  console.log(`App listening at http://localhost:${port}`);
});
```

（3）在MySQL命令行中执行以下SQL语句，以创建一个示例表和插入一些数据：

```
CREATE DATABASE your_database;
USE your_database;

CREATE TABLE your_table (
  id INT AUTO_INCREMENT PRIMARY KEY,
  name VARCHAR(255) NOT NULL,
  age INT NOT NULL
);

INSERT INTO your_table (name, age) VALUES ('Alice', 30);
INSERT INTO your_table (name, age) VALUES ('Bob', 25);
INSERT INTO your_table (name, age) VALUES ('Cathy', 28);
```

（4）运行Express应用：

```
node app.js
```

（5）打开浏览器，访问http://localhost:3000/data，查看从MySQL数据库获取的数据。

练习3：在Express中使用JSON Web Token。

要在Express中使用JSON Web Token，首先需要安装jsonwebtoken和express-jwt这两个依赖包，然后创建一个Express应用并配置JWT中间件。

请参照以下步骤进行上机练习。

（1）安装依赖包：

```
npm install jsonwebtoken express-jwt
```

（2）创建一个名为app.js的文件，并添加以下代码：

```
const express = require('express');
const jwt = require('jsonwebtoken');
const expressJwt = require('express-jwt');

const app = express();
const port = 3000;

// 定义一个密钥，用于签名和验证JWT
const secretKey = 'your_secret_key';

// 使用express-jwt中间件验证JWT
```

```
app.use(expressJwt({ secret: secretKey, algorithms:

['HS256'] }).unless({ path: ['/login'] }));

// 登录路由，用于生成JWT
app.post('/login', (req, res) => {
  // 这里可以添加用户认证逻辑，例如检查用户名和密码
  // 如果认证成功，生成JWT并返回给客户端
  const token = jwt.sign({ userId: 1 }, secretKey, {

expiresIn: '1h' });
  res.json({ token });
});

// 受保护的路由，需要携带有效的JWT才能访问
app.get('/protected', (req, res) => {
  res.send('This is a protected route.');
});

// 启动Express应用
app.listen(port, () => {
  console.log(`App listening at http://localhost:${port}`);
});
```

（3）运行Express应用：

```
node app.js
```

（4）使用Postman或其他HTTP客户端工具，向http://localhost:3000/login发送POST请求，模拟用户登录。成功后，将返回的JWT添加到后续请求的Authorization头部，格式为

```
Bearer <token>
```

（5）向http://localhost:3000/protected发送GET请求，如果携带了有效的JWT，将能够访问受保护的路由；否则，将收到401 Unauthorized响应。

练习4：在Express中使用bcrypt模块。

请参照以下步骤进行上机练习。

首先，确保已经安装了bcrypt模块。如果没有，请运行以下命令进行安装：

```
npm install bcrypt
```

接下来，创建一个简单的Express应用，用于演示如何使用bcrypt模块对密码进行哈希处理和验证。

（1）创建一个名为app.js的文件，并添加以下代码：

```
const express = require('express');
const bcrypt = require('bcrypt');
```

```
const app = express();

app.use(express.json());

// 模拟用户数据
const users = [
  {
    username: 'user1',
    password: '$2b

$10$Qv7fY8J/yW3CcF6B9xUZUO5SGKjkR4Xkq/LJzVaHN1oUZDwJUYT9i'

// 这是"password123"的哈希值
  }
];

// 注册路由
app.post('/register', async (req, res) => {
  try {
    const hashedPassword = await bcrypt.hash

(req.body.password, 10);
    users.push({
      username: req.body.username,
      password: hashedPassword
    });
    res.status(201).send('User registered successfully');
  } catch {
    res.status(500).send('Error registering user');
  }
});

// 登录路由
app.post('/login', async (req, res) => {
  const user = users.find(user => user.username ===

req.body.username);
  if (user == null) {
    return res.status(400).send('Cannot find user');
  }
  try {
    if (await bcrypt.compare(req.body.password,

user.password)) {
      res.send('Successfully logged in');
    } else {
      res.send('Incorrect password');
```

```
    }
  } catch {
    res.status(500).send('Error logging in');
  }
});

// 启动服务器
app.listen(3000, () => {
  console.log('Server is running on port 3000');
});
```

（2）运行app.js文件：

```
node app.js
```

现在，可以使用Postman或其他API测试工具向/register和/login端点发送请求，以测试注册和登录功能。

第4章

开发用户登录和注册模块

本章我们将正式进入电商项目的开发阶段。完整的项目分为用户端、后台管理端和服务端3部分。用户端是提供给用户使用的，用户可以进行账户的注册和登录，然后选购商品。后台管理端是提供给商家管理人员使用的，商家管理人员可以通过后台来配置商品的上下架、用户订单的处理等。服务端将为用户端和后台管理端提供数据服务。

本章我们将实现三端的用户登录和注册相关逻辑，其中用户端和后台管理端将实现登录和注册页面，并能够进行登录和注册操作；服务端将提供登录和注册的接口供前端使用，同时服务端将定义用户的数据库表结构以及不同身份用户的权限。

本章学习目标：

- 数据库中简单用户表的定义。
- 在服务端实现用户登录和注册接口。
- 实现用户端的用户登录与注册功能。
- 实现后台管理端的用户登录与注册功能。

4.1 实现服务端的登录和注册模块

在前后端分离的开发模式中，前端和后端在开发前通常会进行技术评审，即确定前后端的实现方案，然后将前后端交互的接口先行定义出来，之后各端团队就可以根据接口定义自行开发各自的逻辑了。

对于登录和注册功能模块来说，服务端的主要工作包括两部分：

（1）定义数据库中的用户表，在Express项目中进行数据库的连接。

（2）定义与前端交互的接口，主要是提供两个接口给前端使用，分别用来进行用户的登录和注册。

4.1.1　用户数据表的定义

为了便于学习，在项目开发过程中，我们将以功能完整但简单为核心理念。在设计用户系统时，应尽量抛弃可有可无的数据字段，只保留用户最核心的数据。例如，用户的id和用户名是必不可少的，用户id是用户的唯一标识，之后也需要使用用户id来关联更多的用户数据，如用户的订单数据等；用户名是用来外显的字段，即在前端页面登录后，用户可以看到自己的名称。当然，数据库的用户表中也需要存储哈希加密后的用户密码，用来验证用户的登录。还需要一个标明用户角色类型的字段，普通用户和管理员用户拥有不同的权限。此外，用户的注册时间和登录时间也是必要的，并且我们可以预留一个备用字段，便于后期项目迭代过程中用户信息的扩展。

综上所述，用户数据表的定义如表4-1所示。

表 4-1　用户数据表的定义

字 段 名	类　型	意　义
id	整型	用户的唯一标识
username	字符串	用户的昵称
password	字符串	加密后的用户密码
role	字符串	用户角色
registration_time	日期时间	用户的注册时间
last_login_time	日期时间	用户的最后一次登录时间
extra	文本	备用字段，用于数据扩展

设计好了用户数据表的结构，下面只需要在MySQL中按照定义来创建此表即可。开启本机的MySQL服务，在终端使用root账号登录后，首先创建一个电商后台的数据库：

```
create database shop;
```

使用此数据库：

```
use shop;
```

创建用户表，SQL语句如下：

```
CREATE TABLE users (
  id INT PRIMARY KEY AUTO_INCREMENT,
  username VARCHAR(50) NOT NULL,
  password VARCHAR(100) NOT NULL,
  role VARCHAR(20) NOT NULL,
  registration_time TIMESTAMP DEFAULT CURRENT_TIMESTAMP,
  last_login_time TIMESTAMP DEFAULT CURRENT_TIMESTAMP,
  extra TEXT
);
```

在上述语句中，id字段为主键，使用AUTO_INCREMENT将它设置为自动递增；username、password和role为必填字段，将它们设置为NOT NULL，表示在插入数据时，这些字段不能为空（注意，password字段在定义时设置长度为100个字符，在定义密码字段的长度时要考虑加密后的哈希值的长度）；registration_time为用户注册时间，默认为数据创建时的当前时间；last_login_time为最后登录时间，默认为数据创建时的当前时间；extra为文本类型的扩展字段。

SQL语句执行完成后，可以在终端使用如下语句查看下当前用户表的状态：

```
desc users;
```

终端输出如图4-1所示，表明用户表已经定义完成，可以进入后续的接口开发阶段了。

```
mysql> desc users;
+-------------------+--------------+------+-----+-------------------+-------------------+
| Field             | Type         | Null | Key | Default           | Extra             |
+-------------------+--------------+------+-----+-------------------+-------------------+
| id                | int          | NO   | PRI | NULL              | auto_increment    |
| username          | varchar(50)  | NO   |     | NULL              |                   |
| password          | varchar(100) | YES  |     | NULL              |                   |
| role              | varchar(20)  | NO   |     | NULL              |                   |
| registration_time | timestamp    | YES  |     | CURRENT_TIMESTAMP | DEFAULT_GENERATED |
| last_login_time   | timestamp    | YES  |     | CURRENT_TIMESTAMP | DEFAULT_GENERATED |
| extra             | text         | YES  |     | NULL              |                   |
+-------------------+--------------+------+-----+-------------------+-------------------+
7 rows in set (0.01 sec)
```

图 4-1　用户表结构

4.1.2　封装数据库工具类与实现登录和注册接口

新建一个名为ShopBackend的Express项目，此项目将作为完整电商项目的后端部分。

首先将后端开发所需要的基础模块安装完成：

```
// 安装multer模块，用于处理文件上传
npm install multer --save

// 安装mysql2模块，用于连接MySQL数据库
npm install mysql2 --save

// 安装jsonwebtoken模块，用于生成和验证JSON Web Tokens
npm install jsonwebtoken --save

// 安装bcrypt模块，用于对密码进行哈希处理
npm install bcrypt --save
```

然后在工程server目录下新建一个名为utils的目录，此目录之后用来存放工具类代码。在utils文件夹下新建一个名为database.ts的文件，编写如下代码：

【代码片段4-1　源码见目录4~/ShopBackend/server/utils/databsase.ts】

```
import mysql from 'mysql2'
// 数据库配置对象
const sqlConfig = {
    host: 'localhost',            // 连接数据库的地址
    user: 'root',                 // 用户名
    password: 'qwer1234',         // 用户密码
    port: 3306,                   // 端口号
    database: 'shop'              // 要使用的数据库名字
```

```
}
// 创建连接池
const pool = mysql.createPool(sqlConfig)
// 定义执行SQL语句的方法
function exec(sql: string) {
    // 返回一个Promise对象
    return new Promise((resolve, reject)=>{
        // 从连接池中获取一个连接
        pool.getConnection((err, connect) => {
            if (err) {
                reject(err)
            } else {
                // 执行SQL操作
                connect.query(sql, (error, result)=>{
                    if (error) {
                        reject(error)
                    } else {
                        resolve({ result })
                    }
                })
            }
            // 释放连接
            connect?.release()
        })
    })
}
// 定义查询数据的方法
// 可以指定查询的字段组
let queryData = (table: string, keys:string[], where: string, callback: (data:
any)=>void) => {
    // 拼接完整的查询语句
    let keyString = ""
    keys.forEach((key)=>{
        keyString += key + ","
    })
    keyString = keyString.substring(0, keyString.length - 1)
    let sql = `select ${keyString} from ${table} where ${where}`
    exec(sql).then(result => {
        callback(result)
    }).catch(()=>{
        callback(null)
    })
}
// 定义插入数据的方法
let insertData = (table: string, keys: string[], values: any[], callback: (data:
any)=>void) => {
    // 拼接完整的SQL语句
    let keyString = "("
    keys.forEach((key)=>{
        keyString += key + ","
```

```
    })
    keyString = keyString.substring(0, keyString.length - 1)
    keyString += ')'
    let valueString = "("
    values.forEach((value)=>{
        if (typeof value === 'string') {
            valueString += "'" + value + "'" + ","
        } else {
            valueString +=  value + ","
        }
    })
    valueString = valueString.substring(0, valueString.length - 1)
    valueString += ')'
    let sql = `insert into ${table} ${keyString} values ${valueString}`
    exec(sql).then(result => {
        callback(result)
    }).catch(()=>{
        callback(null)
    })
}
// 导出工具方法
export default {queryData, insertData}
```

上面的代码与3.2.2节介绍MySQL时所使用的示例代码类似，只是查询数据的方法中新增了一个用来筛选的where参数，这里不再赘述。

下面我们来定义具体的登录和注册接口。首先修改api.yml文件，将其中模板自动生成的而我们不需要的内容去掉，最终文件内容如下：

【代码片段4-2　源码见目录4~/ShopBackend/server/common/api.yml】

```
openapi: 3.0.1
info:
  title: 电商后端
  description: 电商后端服务系统，为用户端和管理端提供服务
  version: 1.0.0
servers:
- url: /api/v1
tags:
- name: Users
  description: 用户相关
- name: Specification
  description: The swagger API specification
paths:
  /users/login:
    post:
      tags:
      - Users
      description: 用户登录接口
      requestBody:
        description: 登录参数结构
```

```
      content:
        application/json:
          schema:
            $ref: '#/components/schemas/LoginParams'
      required: true
    responses:
      200:
        description: 用户信息与Token
        content:
          application/json:
            schema:
              type: object
              properties:
                error:
                  type: string
                  example: error
                msg:
                  type: string
                  example: ok
                info:
                  $ref: '#/components/schemas/UserInfo'
                token:
                  type: string
                  example: xxxx
                  description: 用户token
/users/signup:
  post:
    tags:
    - Users
    description: 用户注册接口
    requestBody:
      description: 注册参数结构
      content:
        application/json:
          schema:
            $ref: '#/components/schemas/SignupParams'
      required: true
    responses:
      200:
        description: 注册结果
        content:
          application/json:
            schema:
              type: object
              properties:
                error:
                  type: string
                  example: error
                msg:
                  type: string
```

```
              example: ok
  /spec:
    get:
      tags:
      - Specification
      responses:
        200:
          description: Return the API specification
          content: {}
components:
  schemas:
    LoginParams:
      title: 登录参数
      required:
      - username
      - password
      type: object
      properties:
        username:
          type: string
          example: huishao
          description: 用户名
        password:
          type: string
          example: xxxx
          description: 用户密码
    SignupParams:
      title: 注册参数
      required:
      - username
      - password
      - role
      type: object
      properties:
        username:
          type: string
          example: huishao
          description: 用户名
        password:
          type: string
          example: xxxx
          description: 用户密码
        role:
          type: string
          enum: ["normal", "admin"]
          example: admin
          description: 用户角色
    UserInfo:
      title: 完整用户信息
      type: object
```

```
        properties:
          id:
            type: number
            example: 1
            description: 用户唯一标识
          username:
            type: string
            example: huishao
            description: 用户名
          role:
            type: string
            enum: ["normal", "admin"]
            example: admin
            description: 用户角色
```

在上述代码中，我们定义了3个组件：LoginParams、SignUpParams和UserInfo，分别用来描述登录接口参数、注册接口参数和用户信息模型。/login接口用来登录，/signup接口用来注册，它们都被绑定在Users标签下。有一点需要注意，在定义role字段时，使用了字符串类型的枚举，normal表示普通用户，admin表示管理员用户。

将工程模板自动生成的examples文件夹删除，同时也将services目录下的examples.service.ts文件删除，我们在controllers文件夹下新建一个名为users的文件夹，用来放置与用户相关的接口文件。

接下来在services目录下新建一个名为users.service.ts的文件。services下的文件的主要作用是处理数据逻辑，如与数据库的交互方法会封装成一个Service服务类放在此文件夹下。编写如下代码：

【代码片段4-3　源码见目录4~/ShopBackend/server/api/services/users.service.ts】

```
// 模块导入
import database from '../../utils/database'
import bcrypt from 'bcrypt'
// 数据库中用户表的表名
const tableName = 'users'
// 定义用户信息接口
interface UserInfo {
  id: number;
  username: string;
  role: 'normal' | 'admin';
}
// 用户服务类
export class UsersService {
  // 登录方法
  login(username: string, password: string): Promise<UserInfo> {
    return new Promise((res, rej) => {
        // 读取数据库中的用户数据
        database.queryData(tableName, ['id', 'username', 'role', 'password'],
`username = '${username}'`, (data)=>{
            // DB返回的是数组，直接取其中一个即可（只有一个元素）
```

```
                let result = data.result.pop();
                // 如果用户数据存在，则进行后续验证
                if (result != null) {
                    let p = result.password;
                    // 验证密码
                    let success = bcrypt.compareSync(password, p);
                    if (success) {
                        // 登录成功，返回用户数据
                        res({
                            id: result.id,
                            username: result.username,
                            role: result.role
                        })
                    } else {
                        rej('密码错误，请重新输入')
                    }
                } else {
                    rej('请输入正确的账户信息')
                }
            })
        });
    }
    // 注册方法
    signUp(username: string, password: string, role: string): Promise<null> {
      return new Promise((res, rej) => {
          // 检查是否已经有用户存在
          database.queryData(tableName, ['id'], `username = '${username}'`,
(data)=>{
                let result = data.result.pop();
                // 如果用户已经存在，则不能重复注册
                if (result != null) {
                    rej('用户名已存在，请更换其他用户名注册')
                } else {
                    // 对密码进行加密
                    let crypt = bcrypt.hashSync(password, 10)
                    // 将密码加密后的用户数据存储到数据库中
                    database.insertData(tableName, ['username', 'password',
'role'], [username, crypt, role], data => {
                        if (data) {
                            res(null)
                        } else {
                            rej('注册失败，请稍后重试')
                        }
                    })
                }
            })
        });
    }
}
// 导出服务类
```

```
export default new UsersService();
```

上面代码实现的login和signUp方法分别为登录和注册动作提供数据服务，主要是与数据库进行交互。在登录时，会对用户账号和密码的正确性进行验证，验证成功后将用户数据返回。在注册时，首先会对用户名是否存在进行验证，如果用户名已经存在，则不允许重复的注册操作。

在users文件夹下新建一个controller.ts的文件，用来处理接口逻辑，编写如下代码：

【代码片段4-4　源码见目录4~/ShopBackend/server/api/controllers/users/controller.ts】

```
// 模块导入
import UsersService from '../../services/users.service';
import { Request, Response } from 'express';
import jsonwebtoken from 'jsonwebtoken';
// Token加密所使用的秘钥
const tokenKey = 'qwer1234'
// 定义控制器类
export class Controller {
  // 登录方法
  login(req: Request, res: Response): void {
    // 获取客户端请求携带的用户名和密码
    let username = req.body.username;
    let password = req.body.password;
    // 验证数据是否为空
    if (username && password) {
        // 调用服务类进行登录操作
        UsersService.login(username, password).then(data => {
            // 登录成功后，生成Token，和用户信息一起返回给客户端
            let token = jsonwebtoken.sign({
                role: data.role,
                id: data.id
            }, tokenKey, {
                expiresIn: 3600
            })
            res.json({
                msg: 'ok',
                info: data,
                token: token
            })
        }).catch(error => {
            res.json({
                error: error,
                msg: 'error'
            })
        })
    } else {
        res.json({
            error: '请输入正确的用户名和密码',
```

```
          msg: 'error'
        })
      }
    }
    // 注册方法
    singUp(req: Request, res: Response): void {
      // 获取注册时的用户信息
      let username = req.body.username;
      let password = req.body.password;
      let role = req.body.role;
      // 对信息有效性进行简单验证
      if (username && password && role && (role == 'admin' || role == 'normal'))
{
          // 进行注册动作
          UsersService.signUp(username, password, role).then(()=>{
              res.json({
                  msg: 'ok'
              })
          }).catch(error => {
              res.json({
                  error: error,
                  msg: 'error'
              })
          })
      } else {
          res.json({
              error: '请输入正确的用户信息',
              msg: 'error'
          })
      }
    }
  }
  // 导出控制器类
  export default new Controller();
```

控制器类的主要任务是处理接口逻辑，需要对客户端请求的接口参数进行提取，并最终组装成完整的结构返回给客户端。

还有一个小细节需要处理，当用户登录时，如果登录成功，则需要自动更新数据库中用户的最后登录时间，方便后期使用，对此可以在database.ts文件中新增一个简单的数据更新方法：

【源码见目录4~/ShopBackend/server/utils/database.ts】

```
  // 更新方法
  let updateData = (table: string, updateString: string, where: string) => {
      let sql = `update ${table} set ${updateString} where ${where}`
      exec(sql).then()
  }
```

更新数据库的逻辑与前端业务无关，这里暂且不关心数据库操作的返回情况，在登录成功之后，返回用户数据给客户端之前，使用如下代码来更新登录时间即可：

【源码见目录4~/ShopBackend/server/api/services/users.service.ts】

```
database.updateData(tableName, 'last_login_time = NOW()', `id = ${result.id}`)
```

在router.ts中将路由代码修改如下：

【代码片段4-5　源码见目录4~/ShopBackend/server/api/controllers/users/router.ts】

```
// 导入express模块
import express from 'express';

// 导入控制器模块
import controller from './controller';

// 导出一个默认的路由对象
export default express
  .Router() // 创建一个路由实例
  .post('/login', controller.login) // 添加一个POST请求处理函数，用于处理登录请求
  .post('/signup', controller.singUp); // 添加一个POST请求处理函数，用于处理注册请
求
```

最后，修改server文件夹下的routers.ts文件中的路由注册代码：

【源码见目录4~/ShopBackend/server/routers.ts】

```
// 导入express模块中的Application接口
import { Application } from 'express';

// 导入usersRouter路由模块
import usersRouter from './api/controllers/users/router';

// 导出一个函数，用于配置路由
export default function routes(app: Application): void {
  // 使用usersRouter路由模块处理以'/api/v1/users'开头的请求
  app.use('/api/v1/users', usersRouter);
}
```

现在，运行代码，测试登录和注册接口的工作是否正常。下一节将在此后端服务的基础上实现前端的登录和注册功能。

温馨提示
记录用户的最后登录时间很有必要，通过此记录可以方便的统计出用户的活跃数据。

4.2　实现用户端的登录和注册功能

用户端登录和注册功能的实现主要包含两部分工作：页面UI与接口逻辑。本节我们将搭建一

个基于Vite脚手架工具的Vue项目，实现基础的路由逻辑以及登录和注册模块的功能。

4.2.1　搭建用户端工程

使用Vite脚手架创建一个Vue项目工程，指令如下：

```
npm create vite@latest
```

可以将工程命名为Shop，用来区别之前创建的后端工程和后续将要创建的后台管理工程。之后安装前端开发中必要的模块，指令如下：

```
// 安装axios和vue-axios依赖包，用于发送HTTP请求
npm install --save axios vue-axios

// 安装element-plus组件库，提供丰富的UI组件
npm install element-plus --save

// 安装element-plus的图标组件库
npm install @element-plus/icons-vue --save

// 安装vue-router版本4，用于实现前端路由功能
npm install vue-router@4 --save

// 安装Pinia状态管理库，用于管理Vue应用的状态
npm install pinia -save
```

安装好了必要的模块后，先来编写基础的路由逻辑。可以在工程的components文件夹下新建两个Vue组件文件：

【源码见目录4~/Shop/src/components/HomePage.vue】

```
<template>
    <h1>主页面</h1>
</template>
```

【源码见目录4~/Shop/src/components/LoginPage.vue】

```
<template>
    <h1>登录页面</h1>
</template>
```

这两个组件目前无须编写任何逻辑，只作为占位组件。其中HomePage组件后续会作为电商客户端的主页，LoginPage组件会作为电商客户端的用户登录和注册页面。将模板自动生成的HelloWorld.vue删掉，并将App.vue中的代码修改如下：

【源码见目录4~/Shop/src/App.vue】

```
<template>
    <router-view></router-view>
</template>
```

我们也删掉了App.vue文件中的冗余代码，在其模板中定义了一个router-view路由入口，先来实现这样的逻辑：对于未登录的用户，无论访问哪个路由，都将页面重定向到登录页面，也就是说，如果用户未登录，则不允许使用任何电商功能。

在src文件夹下新建一个名为base的文件夹用来存放基础模块，在其中新建一个名为Router.ts的文件，编写如下代码：

【代码片段4-6　源码见目录4~/Shop/src/base/Router.ts】

```
import { createRouter, createWebHashHistory } from 'vue-router'
import LoginPage from '../components/LoginPage.vue'
import HomePage from '../components/HomePage.vue'
// 定义页面名称枚举
export enum PageName {
    login = 'login',
    home = 'home'
}
// 定义路由
const shopRouter = createRouter({
    history: createWebHashHistory(),
    routes: [
        {
            path: '/login',
            name: PageName.login,
            component: LoginPage
        },
        {
            path: '/home',
            name: PageName.home,
            component: HomePage
        }
    ]
});
// 定义前置守卫
shopRouter.beforeEach((to)=>{
    if (to.name != PageName.login) {
        return {
            name: PageName.login
        }
    }
})
// 导出路由
export default shopRouter;
```

上面代码中暂时定义了两个路由，同时定义了一个前置的导航守卫。全局的前置导航守卫会对所有路由动作进行拦截，只要访问的不是登录页面，就重定向到登录页面，后面我们会增加具体的用户登录逻辑，这里要根据当前用户的登录态来决定是否允许路由动作。

在main.ts中进行路由的注册，代码如下：

【源码见目录4~/Shop/src/main.ts】

```
import { createApp } from 'vue'
import './style.css'
import App from './App.vue'
import shopRouter from './base/Router'
const app = createApp(App)
// 注册路由
app.use(shopRouter)
app.mount('#app')
```

现在运行代码，尝试在浏览器中任意修改路由的哈希部分，可以看到页面将始终定向到登录页面，如图4-2所示。

登录页面

图 4-2　前端项目搭建

接下来，就可以专注实现LoginPage组件内部的UI部分了。

4.2.2　开发用户端登录和注册页面

基于4.2.1节搭建的工程，本小节我们主要实现登录和注册的页面部分，并将与后端接口进行交互的方法先定义出来。

对于登录和注册功能，可以使用同样的页面，因为无论是登录还是注册，用户所需要提供的数据都只有用户名和密码。注册时，用户的角色是由用户所使用的客户端决定的，如果使用电商用户端进行注册，则默认注册为普通用户；如果使用后台管理端进行注册，则默认注册为管理员用户。在登录和注册页面，需要提供的页面交互元素包括两个输入框(一个用来输入账户名，另一个用来输入密码)，两个按钮(分别用来进行登录和注册，登录成功后程序将自动跳转到客户端的首页)。此外，为了增加页面的美观度，还可以为登录和注册页面设置一个与电商项目风格相符的背景图，资源文件可以直接放在前端项目的assets文件夹下。下面开始开发用户端登录和注册页面。

首先修改main.ts文件中代码，将Element Plus与对应的图片库组件注册到Vue应用实例中：

【代码片段4-7　源码见目录4~/Shop/src/main.ts】

```
// 导入ElementPlus模块
import ElementPlus from 'element-plus'
// 导入图标模块
import * as ElementPlusIconsVue from '@element-plus/icons-vue'
// 导入样式表
import 'element-plus/dist/index.css'
const app = createApp(App)
// 加载ElementPlus模块
```

```
app.use(ElementPlus)
// 循环遍历所有图标组件，并将其注册为全局组件
for (const [key, component] of Object.entries(ElementPlusIconsVue)) {
   app.component(key, component)
}
```

上面代码对Element Plus模块的使用做了基本配置。

然后修改LoginPage组件的TypeScript以及模板部分，代码如下：

【代码片段4-8　源码见目录4~/Shop/src/components/LoginPage.vue】

```
<script setup lang="ts">
import { computed, ref } from 'vue';
// 用户名和密码数据
let username = ref('')
let password = ref('')
// 计算属性，用来控制登录和注册按钮是否可以单击
let disabled = computed(()=>{
   return !(username.value.length > 0 && password.value.length > 0)
})
// 预留的登录方法
function login() {
   console.log('login...')
}
// 预留的注册方法
function signup() {
   console.log('signup...')
}
</script>
<template>
<div id="container">
      <div id="background"></div>
      <div id="title">
         <h1>精选好物 任你挑选</h1>
      </div>
      <div class="input">
         <el-input v-model="username" prefix-icon="User" placeholder="请输
入用户名"></el-input>
      </div>
      <div class="input">
         <el-input v-model="password" prefix-icon="Lock" placeholder="请输
入密码" show-password></el-input>
      </div>
      <div class="input">
         <el-button @click="login" style="width:350px"
type="primary" :disabled="disabled">登录</el-button>
         <el-button @click="signup" style="width:150px"
type="default" :disabled="disabled">注册</el-button>
      </div>
   </div>
</template>
```

其中，组件中的username属性会绑定到用户名输入框，password属性会绑定到密码输入框，登录和注册按钮是否可单击由计算属性disabled控制，当用户输入的用户名和密码都不为空时，这两个按钮变为可单击状态。

此时，运行代码，效果如图4-3所示。

图 4-3　登录和注册页面框架

还可以通过添加一些CSS样式来将页面背景、组件间的间距等样式进行调整，使整体页面看起来更加美观，示例如下：

【代码片段4-9　源码见目录4~/Shop/src/components/LoginPage.vue】

```
<style scoped>
/* 容器 */
#container {
    height: 100%;
    width: 100%;
    position: absolute;
}
/* 模糊的背景 */
#background {
  content: '';
  position: absolute;
  width: 100%;
  height: 100%;
  background-image: url("/src/assets/background.webp");
  filter: blur(20px);
  background-size: cover;
}
/* 标题样式 */
#title {
    text-align: center;
    color: azure;
    margin-top: 200px;
}
/* 输入模块样式 */
.input {
```

```
    margin: 20px auto;
    width: 515px;
}
</style>
```

上面的CSS样式表代码对页面组件间的间距、尺寸做了简单设置，使用filter还可以对图片背景进行模糊处理，示例中使用的图片资源是直接放置在assets文件夹下的。

经过样式调整后的登录和注册页面如图4-4所示。当然，目前只是编写好了页面展示部分的代码，具体的登录和注册逻辑我们将在之后完成。

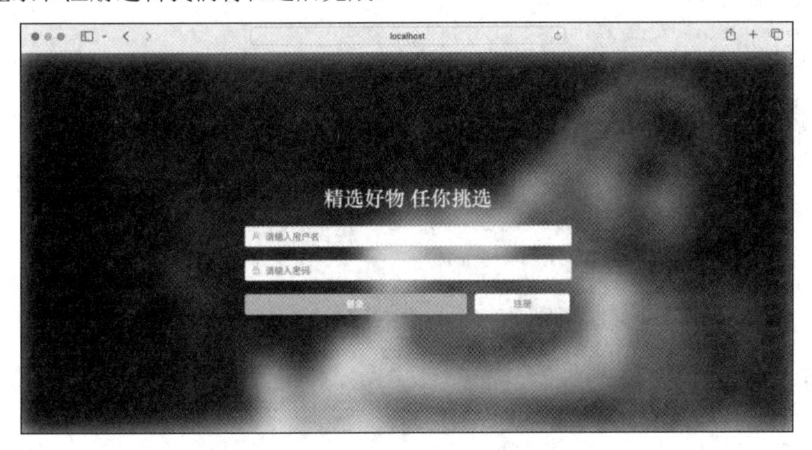

图 4-4　登录和注册页面示例

4.2.3　开发用户端账户数据逻辑

用户登录成功后，将获取到服务端返回的用户信息数据与Token。如何管理和保存这些数据是客户端需要考虑的事情。首先，用户数据应该是整个应用共享的，无论任何页面或组件都应该能够轻松地访问和使用用户的登录数据。其次，用户数据以及Token应该妥善地进行缓存，我们一定不希望每次用户刷新页面后都要重新进行登录操作。共享数据可以使用Pinia的Store来实现，本地缓存可以使用浏览器的localStorage来实现。

在main.ts中增加如下代码，对Pinia模块进行注册：

【源码见目录4~/Shop/src/main.ts】

```
// 导入Pinia模块
import { createPinia } from 'pinia'
const app = createApp(App)
// 注册Pinia
app.use(createPinia())
```

在base文件夹下新建一个名为AccountStore.ts的文件，编写如下代码：

【代码片段4-10　源码见目录4~/Shop/src/base/AccountStore.ts】

```
import { defineStore } from "pinia";
// 定义用户信息接口
export interface UserInfo {
```

```
    username: string,
    id: number,
    role: string
}
// 定义账户信息接口
export interface AccountInfo {
    info?: UserInfo,
    token?: string
}
// 持久化存储的键名
const localStorageKey = 'shop.user'
// 定义共享的状态仓库
export default defineStore('loginState', {
    // 账户状态数据
    state: (): AccountInfo => {
        // 尝试读取本地缓存数据
        let localInfo = localStorage.getItem(localStorageKey)
        let info: AccountInfo = {}
        if (localInfo != null) {
            // 进行JSON数据解析
            info = JSON.parse(localInfo)
        }
        // 初始化的账户数据
        return {
            info: info.info,
            token: info.token
        }
    },
    // 计算数据
    getters: {
        // 当前是不是登录状态
        isLogin: (state): boolean => {
            return (state.token != undefined && state.token!.length > 0)
        }
    },
    // 定义行为
    actions: {
        // 登录行为
        login(info: AccountInfo) {
            this.info = info.info
            this.token = info.token
            // 将账户数据编码为JSON字符串后存储到本地
            localStorage.setItem(localStorageKey, JSON.stringify(info))
        },
        // 登出行为
        logout() {
            // 清空数据
            this.info = undefined
            this.token = undefined
            localStorage.removeItem(localStorageKey)
```

```
        }
    }
})
```

其中，UserInfo和AccountInfo是定义的两个数据模型接口，分别用来描述用户信息和账户信息，账户信息实际上是将用户信息与Token进行了包装；localStorageKey是定义的一个静态字符串变量，对应本地存储的键名。

loginState是账户信息核心的状态仓库，主要分为3部分，即状态数据部分、计算数据部分和行为动作部分。

- 在状态数据部分完成了账户数据的初始化，在应用运行时，首先从本地缓存读取账户数据，如果有则将本地缓存的数据作为初始状态数据，如果没有则以空状态来定义初始数据。localStorage 是浏览器提供的缓存数据接口，可以直接将字符串数据存储到磁盘环境中。
- 计算数据部分定义了一个 isLogin 的计算状态，此状态可以方便调用方判断当前用户的登录状态。是否登录将以是否存在 Tokeno 为判定标准。
- 行为动作部分定义了两个行为函数，将登录和登出行为对账户状态的影响封装为了语义化的方法，登录时将使用服务端获取到的账户数据刷新状态，并将账户数据存储到本地；登出时将状态数据进行清空。

4.2.4　开发用户端登录和注册接口逻辑

本小节我们将在用户端发起网络请求，调用服务端提供的登录和注册接口，实现用户端完整的登录和注册功能。

在进行接口调用之前，需要对服务端程序进行一些调整。使用Vite创建的Vue项目默认运行在本地的5173端口，而Express项目则运行在3000端口。虽然两者都运行在本地，但由于端口号不同，浏览器将它们视为不同的源。根据浏览器的“同源策略”，默认情况下，只有来自相同源(即相同协议、域名和端口)的请求才被允许。这种策略是一种安全措施，旨在防止恶意脚本访问不同源的数据。

然而，同源策略并不完全禁止跨源请求。对于前后端分离的项目，前端和后端部署在不同的域名或端口上是常见的。我们可以通过配置跨域资源共享（CORS）策略，如在服务器端设置适当的HTTP头部，来允许跨域请求。这样，前端应用便能安全地从不同源的后端服务请求数据。

在Node.js环境下，可以安装一个名为cors的中间件模块来允许跨域请求。在ShopBackend工程的根目录下执行如下指令来安装此模块：

```
npm install cors --save
```

之后在server.ts文件中挂载此模块即可，核心代码如下：

【源码见目录4~/ShopBackend/server/common/server.ts】

```
// 导入cors模块，用于处理跨域请求
import cors from 'cors';
```

```
// 创建一个Express应用实例
const app = express();

// 使用cors模块，允许跨域请求
app.use(cors());
```

处理好了跨域问题后，即可将此电商后端项目运行起来，不要忘了同时将本地的MySQL数据库服务也启动好。

电商是一类复杂的互联网项目，需要客户端与后端交互的场景也非常多。为了方便接口的管理，我们可以封装一个工具方法来统一发起请求。在base文件夹中新建一个名为RequestWork.ts的文件，编写如下代码：

【代码片段4-11 源码见目录4~/Shop/src/base/RequestWork.ts】

```
import axios, { Method } from "axios";
import { UserInfo } from './AccountStore'
// 定义接口路径
enum RequestPath {
    login = "/users/login",
    signup = "/users/signup"
}
// 创建一个请求worker实例
const worker = axios.create({
    baseURL: 'http://localhost:3000/api/v1',
    timeout: 5000,
    headers: {}
})
// 定义登录和注册的接口数据返回结构
export interface LoginResponseData {
    msg: 'error' | 'ok',
    error?: string,
    info: UserInfo,
    token?: string
}
// 发起请求的方法
function startRequest(path: RequestPath, method: Method, params: any) {
    let config:any = {
        method: method,
        url: path
    }
    // get方法将参数放在params中
    if (method == 'GET' || method == 'get') {
        config.params = params
    // post方法将参数放在data中
    } else {
        config.data = params
    }
    // 会返回一个pormiss
    return worker.request(config)
}
```

```
// 导出
export {
    worker,
    RequestPath,
    startRequest
}
```

在上述代码中，RequestPath枚举定义了接口的路径，目前只定义了登录和注册接口，后续新增接口只需扩展此枚举即可。worker是一个请求管理实例，其中可以配置一些通用的请求参数，例如接口的baseURL、接口的超时时间以及公共的请求头字段。请求头字段非常重要，用户登录后，后续的业务接口所需要的Token，就会放置在请求头中。LoginResponseData是我们定义的登录和注册接口的返回数据结构，开发时根据OpenAPI文档来进行定义即可。startRequest方法是核心的数据请求方法，之后所有的接口请求都将调用此方法完成。

前面创建前端工程的时候，定义了一个路由守卫，此守卫的作用是根据登录态来判断用户是否可以访问电商用户端的首页，当时我们并未完整实现，这里将其逻辑补充完整，代码如下：

【源码见目录4~/Shop/src/base/Router.ts】

```
// 定义前置守卫
shopRouter.beforeEach((to)=>{
    // 如果用户未登录，且访问了非登录页，则重定向到登录页
    if ((to.name != PageName.login) && !Account().isLogin) {
        return {
            name: PageName.login
        }
    }
})
```

下面我们在LoginPage组件中实现之前预留的登录和注册方法。先导入必要的模块和定义静态变量：

【源码见目录4~/Shop/src/components/LoginPage.vue.ts】

```
// 导入模块
import { ElMessage } from 'element-plus';
import { useRouter } from 'vue-router';
import { startRequest, RequestPath, LoginResponseData } from
'../base/RequestWork'
import { PageName } from '../base/Router';
import Account from '../base/AccountStore';
// 状态数据
const account = Account()
// 路由管理对象
const router = useRouter()
```

再实现登录方法：

【代码片段4-12　源码见目录4~/Shop/src/components/LoginPage.vue】

```
// 预留的登录方法
function login() {
```

```
    // 发起登录请求
    startRequest(RequestPath.login, 'post', {
        username: username.value,
        password: password.value
    }).then((response)=>{
        // 将返回的数据解析为LoginResponseData对象
        let data = response.data as LoginResponseData
        if (data.msg == 'ok') {
            // 如果成功，则刷新账户状态
            account.login({
                info: data.info,
                token: data.token
            })
            // 弹出消息提醒，当消息提示栏自动消失时跳转到首页
            ElMessage.success({
                message: '登录成功',
                onClose: () => {
                    router.push({
                        name: PageName.home
                    })
                }
            })
        } else {
            // 如果登录失败，则将后端返回的失败信息提示给用户
            ElMessage.error(data.error ?? '登录异常，请稍后重试')
        }
    }).catch((error)=>{
        console.log(error);
    })
}
```

login方法所实现的功能即调用startRquest方法来发起登录请求，将账户和密码输入框中的数据发送到服务端，服务端完成校验逻辑后，如果登录成功，则将用户数据和Token返回给客户端，客户端更新本地的账户状态，完成登录过程并实现页面的跳转。注册方法的实现与之类似：

【代码片段4-13　源码见目录4~/Shop/src/components/LoginPage.vue】

```
// 预留的注册方法
function signup() {
    // 发起注册请求
    startRequest(RequestPath.signup, 'post', {
        username: username.value,
        password: password.value,
        role:'normal' // 默认用户端注册的账号角色为normal
    }).then((response)=>{
        // 注册成功，则提示用户去登录
        let data = response.data as LoginResponseData
        if (data.msg == 'ok') {
            ElMessage.success({
                message: '注册成功，请您登录'
            })
```

```
        } else {
            ElMessage.error(data.error ?? '注册异常，请稍后重试')
        }
    }).catch((error)=>{
        console.log(error);
    })
}
```

现在，可以尝试运行用户端项目，进行登录和注册操作，并且由于我们之前已经实现了账户信息的持久化缓存，因此登录成功后进入首页，刷新页面后依然可以保持登录状态。

4.3　实现后台管理端的登录和注册功能

虽然用户端和后台管理端的核心功能完全不同，但其登录和注册逻辑一致。可以参考已经开发完成的用户端来快速搭建出后台管理端的项目。

创建一个名为ShopAdmin的Vite工程，按照如下步骤来快速实现后台管理端的登录和注册功能：

步骤01 安装基础模块：axios、element-plus、vue-router、pinia。

步骤02 将后台管理端的 src 文件夹使用用户端工程中的 src 文件夹进行替换。

步骤03 后台管理端的登录和注册逻辑微调。

下面来进行调整。前两步非常容易完成，完成后如果直接运行工程，则后台管理端的运行效果将与用户端的完全一致。

首先对登录和注册页面的标题进行修改，代码如下：

【源码见目录4~/ShopAdmin/src/components/LoginPage.vue】

```
<div id="title">
    <h1>欢迎使用电商后台管理系统</h1>
</div>
```

对应修改用户注册时的角色参数为admin管理员：

【源码见目录4~/ShopAdmin/src/components/LoginPage.vue】

```
// 注册方法
function signup() {
    // 发起注册请求
    startRequest(RequestPath.signup, 'post', {
        username: username.value,
        password: password.value,
        role:'admin' // 将注册的用户角色设置为admin
    }).then((response)=>{
        // 注册成功，则提示用户去登录
        let data = response.data as LoginResponseData
        if (data.msg == 'ok') {
```

```
            ElMessage.success({
                message: '注册成功，请您登录'
            })
        } else {
            ElMessage.error(data.error ?? '注册异常，请稍后重试')
        }
    }).catch((error)=>{
        console.log(error);
    })
}
```

管理员与普通用户相比会有更多的权限，因此管理员账号可以登录电商用户端，但是普通的用户不可以登录后台管理系统。要实现这一逻辑，需要在登录时对用户角色进行校验，代码如下：

【源码见目录4~/ShopAdmin/src/components/LoginPage.vue】

```
// 登录方法
function login() {
    // 发起登录请求
    startRequest(RequestPath.login, 'post', {
        username: username.value,
        password: password.value
    }).then((response)=>{
        // 将返回的数据解析为LoginResponseData对象
        let data = response.data as LoginResponseData
        if (data.msg == 'ok') {
            // 不允许非管理员用户登录后台管理系统
            if (data.info.role != 'admin') {
                ElMessage.warning('所登录用户无管理员权限')
                return
            }
            // 如果成功，则刷新账户状态
            account.login({
                info: data.info,
                token: data.token
            })
            // 弹出消息提醒，当消息提示栏自动消失时跳转到首页
            ElMessage.success({
                message: '登录成功',
                onClose: () => {
                    router.push({
                        name: PageName.home
                    })
                }
            })
        } else {
            // 如果登录失败，则将后端返回的失败信息提示给用户
            ElMessage.error(data.error ?? '登录异常，请稍后重试')
        }
    }).catch((error)=>{
```

```
        console.log(error);
    })
}
```

同样地，在路由部分也需要对用户的角色进行判断，修改前置路由守卫代码如下：

【源码见目录4~/ShopAdmin/src/base/Router.ts】

```
// 定义前置守卫
shopRouter.beforeEach((to)=>{
    // 如果用户未登录或不是管理员，且访问了非登录页面，则重定向到登录页面
    if ((to.name != PageName.login) && (!Account().isLogin ||
Account().info?.role != 'admin')) {
        return {
            name: PageName.login
        }
    }
})
```

最后，为了方便在本机上同时运行用户端和后台管理端程序，修改ShopAdmin工程的命令脚本，为其指定要运行的端口号，代码如下：

【源码见目录4~/ShopAdmin/package.json】

```
"scripts": {
  "dev": "vite --port 5900",
  "build": "vue-tsc && vite build",
  "preview": "vite preview"
}
```

运行ShopAdmin工程，在浏览器中访问如下地址即可体验后台管理端的登录和注册功能了。

```
http://localhost:5900/#/login
```

4.4　小结与上机练习

本章我们完成了电商项目的登录和注册部分。对于登录和注册模块，后端的主要任务是定义用户数据库表结构、定义和实现登录和注册接口。用户端与后台管理端可以共用后台的登录和注册接口，通过用户角色来区分普通用户和管理员用户。在前端部分，用户端和后台管理端的登录和注册功能基本一致，我们所编写的相关代码只需简单修改即可直接复用。

思考：Web项目的登录和注册功能的实现流程是怎样的？

提示：登录和注册功能都需要前后端参与实现，后端服务为登录和注册提供接口服务。

用户登录和注册流程如下：

（1）用户通过客户端程序将账户名和密码发送到服务端。

（2）服务端对用户的账户名和密码进行校验，确认合法后将数据存储到数据库中（需要加密）。

（3）将注册的成功与否通知给客户端。

（4）用户登录时，客户端程序将用户填写的账户名和密码发送到服务端。

（5）服务端对账户有效性进行验证，验证成功后生成Token并返回给客户端。

（6）完成整个登录流程，之后的业务交互都将使用Token来进行鉴权。

练习：实现一个系统的后台管理端的登录和注册功能，可以使用Express、MySQL、Vite、Vue.js、axios、Element-plus、vue-router、Pinia等。

一个系统的后台管理端的登录和注册功能，可以分为前端和后端两部分。

前端部分，可以使用 Vue.js 来构建用户界面，将Vite作为构建工具。我们需要创建两个页面，一个是登录页面，另一个是注册页面。在这两个页面中，需要提供表单让用户输入用户名和密码或注册信息。

后端部分，可以使用 Express 框架处理 HTTP 请求，使用MySQL数据库存储用户信息。我们需要创建两个路由，分别对应登录和注册操作。当用户提交表单时，解析用户的输入，然后查询或更新数据库，最后返回结果给前端。

以下是一些基础代码示例，请在此基础上完善更多细节，如错误处理、数据验证、安全性等。

前端Vue.js代码示例：

```
<template>
  <div id="app">
    <!-- 登录表单 -->
    <login-form v-if="showLogin" @submit="handleLogin"></login-form>
    <!-- 注册表单 -->
    <register-form v-else @submit="handleRegister"></register-form>
    <!-- 切换登录/注册 -->
    <button @click="toggleForm">{{ showLogin ? 'Go to Register' : 'Go to Login' }}</button>
  </div>
</template>

<script>
import LoginForm from './components/LoginForm.vue'
import RegisterForm from './components/RegisterForm.vue'

export default {
  components: {
    LoginForm,
    RegisterForm
  },
  data() {
    return {
      showLogin: true // 默认显示登录表单
    }
  },
  methods: {
    toggleForm() {
```

```
      // 切换显示登录表单/注册表单
      this.showLogin = !this.showLogin
    },
    handleLogin(data) {
      // 发送POST请求到/api/login
    },
    handleRegister(data) {
      // 发送POST请求到/api/register
    }
  }
}
</script>
```

后端Express代码示例：

```
const express = require('express')
const bodyParser = require('body-parser')
const cors = require('cors')
const app = express()
app.use(cors()) // 允许跨域请求
app.use(bodyParser.json()) // 解析JSON格式的请求体

// 登录路由
app.post('/api/login', (req, res) => {
  // 检查数据库并返回结果
})

// 注册路由
app.post('/api/register', (req, res) => {
  // 将新用户插入数据库并返回结果
})

app.listen(3000, () => console.log('Server is running on port 3000')) // 启
动服务器
```

第5章

开发营销推广模块

本章我们将开发电商项目的营销推广模块。对于电商网站来说，有一定的运营定制化能力是非常重要的，可以提供给电商的运营者一些可配置的推广位。在本项目中，我们将提供一个可轮播的运营位，每个运营位将展示一张商品推广图和一段运营文案，用户单击运营位就可以直接跳转到对应商品的详情页面。

电商运营位是一种运营功能，因此在后台管理端少不了要开发运营位的配置相关功能。电商的运营者可以将自己制作的运营图片上传到服务端对运营位进行配置，并支持基础的运营位管理，如创建运营位内容、对运营位进行启用和禁用等。

本章学习目标：

- 搭建电商客户端首页框架。
- 搭建电商后台管理平台的首页框架。
- 定义运营位数据表结构。
- 实现运营位管理相关接口。

5.1 实现服务端的运营推广模块

本节我们将分析运营位的数据结构，在MySQL数据库中创建对应的数据表。对于运营推广模块，用户端和后台管理端的逻辑完全不同：用户端将拉取运营位数据，并将其以轮播图的方式展现给用户；后台管理端则需要提供运营位的创建、配置和管理等功能。对于后端项目来说，我们需要针对用户端和后台管理端提供不同功能的接口。

5.1.1　定义运营位表结构和接口文档

后端接口服务开发的第一步是对数据结构和接口进行定义，同时在数据库中创建对应的数据表。我们先来分析一下运营位数据需要怎样的结构。

首先在前端展示上，运营位将以轮播图的方式展现，即后端接口返回给前端的是一组运营位数据，数据的拼装可以在接口层完成，我们需要关注的是每个独立的运营位所需要包含的字段。从展现上看，一个运营位需要包含一张运营图片和一段推广文案，当用户单击运营位时需要跳转到对应的商品详情页面，因此还需要配置一个前端使用的路由路径。除此之外，为了便于管理员对运营位进行管理，还需要为每个运营位指定名称和状态，状态分为启用和禁用两种，管理员可以将过期的运营数据禁用掉。当然，每个运营位还少不了创建时间和唯一标识。可以将上述分析内容总结为如表5-1所示的表格。

表 5-1　运营位数据表格

字 段 名	类　　型	意　　义
id	整型	唯一标识
name	字符串	运营位的名称
status	整型	运营位状态： 0：禁用状态 1：启用状态
created_at	日期时间	创建时间
cover	字符串	图片地址
content	文本	运营文案
uri	字符串	跳转落地页路径

其中，主键id为自增字段，created_at字段在数据创建时自动赋值为当前时间。使用如下SQL语句在shop数据库中创建运营位表Operational_Positions：

```
CREATE TABLE Operational_Positions (
    id INT AUTO_INCREMENT PRIMARY KEY,
    name VARCHAR(255) NOT NULL,
    status INT NOT NULL,
    created_at DATETIME DEFAULT CURRENT_TIMESTAMP,
    cover VARCHAR(255),
    content TEXT,
    uri VARCHAR(255)
);
```

创建完成后，可以在终端使用如下SQL语句来查看是否正确创建:

```
// 定义一个名为Operational_Positions的变量，用于存储操作位置信息
desc Operational_Positions;
```

终端将输出如图5-1所示的表结构。

```
mysql> desc Operational_Positions;
+------------+--------------+------+-----+-------------------+-------------------+
| Field      | Type         | Null | Key | Default           | Extra             |
+------------+--------------+------+-----+-------------------+-------------------+
| id         | int          | NO   | PRI | NULL              | auto_increment    |
| name       | varchar(255) | NO   |     | NULL              |                   |
| status     | int          | NO   |     | NULL              |                   |
| created_at | datetime     | YES  |     | CURRENT_TIMESTAMP | DEFAULT_GENERATED |
| cover      | varchar(255) | YES  |     | NULL              |                   |
| content    | text         | YES  |     | NULL              |                   |
| uri        | varchar(255) | YES  |     | NULL              |                   |
+------------+--------------+------+-----+-------------------+-------------------+
7 rows in set (0.00 sec)
```

图 5-1　运营位数据库表结构

运营位的创建需要配置图片，因此需要提供一个上传图片的接口。要实现上传接口，可以仿照3.1节编写的Multer示例工程中的定义，在api.yml文件中新增一些标签，代码如下：

【源码见目录4~/ShopBackend/server/common/api.yml】

```
tags:
- name: Common
description: 公共接口
- name: Operational
  description: 运营相关
```

新增接口定义如下：

【代码片段5-1　源码见目录4~/ShopBackend/server/common/api.yml】

```
/common/image/upload:
  post:
    tags:
    - Common
    description: 图片文件上传接口
    requestBody:
      description: 图片数据
      content:
        multipart/form-data:
          schema:
            type: object
            properties:
              file:
                type: string
                format: binary
      required: true
    responses:
      200:
        description: 上传成功
        content:
          application/json:
            schema:
              type: object
              properties:
                error:
```

```
          type: string
          example: error
        msg:
          type: string
          example: ok
        url:
          type: string
          example: http://localhost/xxx
```

当客户端上传图片成功后，服务端需要将可访问的图片URL返回给客户端，之后在调试服务端的上传图片功能时，我们可以直接使用浏览器进行测试。

服务端需要向客户端提供3个接口，其中获取运营位数据的接口是被用户端和后台管理端共用的。除此之外，服务端还需要单独向后台管理端提供两个管理接口，分别用来创建新的运营位和对运营位的状态进行变更。

先行定义一个运营位数据结构组件，仿照4.1.1节的数据库表的定义，在api.yml文件中定义一个新的schema结构，代码如下：

【源码见目录4~/ShopBackend/server/common/api.yml】

```
OperationalItem:
  title: 运营位
  type: object
  properties:
    id:
      type: number
      example: 1
      description: 唯一标识
    name:
      type: string
      example: 运营位A
      description: 运营位名称
    status:
      type: number
      example: 1
      description: 1-启用 0-禁用
    created_at:
      type: string
      example: xxxx-xx-xx xx:xx:xx
      description: 运营位创建时间
    cover:
      type: string
      example: http://xxxx
      description: 运营位封面
    content:
      type: string
      example: xxxxx
      description: 运营位描述
    uri:
      type: string
```

```
example: xxxxx
description: 运营位跳转路由
```

定义获取运营位数据的接口时需要注意：在后台管理端，可以获取到所有状态的运营位，以供管理员进行管理；但是在用户端，只能够获取到启用状态的运营位。因此，获取运营位的接口若要实现用户端与后台管理端的共用，则需要提供一个状态检索参数。另外，除了通用的公共接口外，无论是用户端还是后台管理端的业务接口，都需要对用户的登录态进行验证。因此，需要严格要求客户端在调用这些请求时传递Token到服务端进行验证，文档定义如下：

【代码片段5-2 源码见目录4~/ShopBackend/server/common/api.yml】

```
/operational/get:
  get:
    tags:
    - Operational
    description: 获取所有运营位数据
    parameters:
      - name: status
        in: query
        description: 运营位状态 0-全部 1-只要启用状态的运营位
        schema:
          type: number
          enum:
            - 0
            - 1
        required: true
      - name: token
        in: header
        description: 用户token
        required: true
        schema:
          type: string
    responses:
      200:
          description: 返回的运营位列表
          content:
            application/json:
              schema:
                type: object
                properties:
                  error:
                    type: string
                    example: error
                  msg:
                    type: string
                    example: ok
                  datas:
                    type: array
                    items:
                      $ref: '#/components/schemas/OperationalItem'
```

我们将Token参数定义在了请求头中，这样在前端使用时，可以很方便地为所有业务请求添加此参数。还有一点需要注意，在定义此接口的返回数据结构时，使用到了新的类型array，array类型将约束返回的数据为一组对象，对象结构由items选项来定义。在可视化文档中观察此接口的定义，结果如图5-2所示。

图 5-2　获取运营位的接口定义

再在api.yml文件中定义两个专门提供给管理员使用的、用来创建新的运营位和修改运营位的启动状态，代码如下：

【代码片段5-3　源码见目录4~/ShopBackend/server/common/api.yml】

```
/operational/add:
  post:
    tags:
    - Operational
    description: 新增运营位
    parameters:
      - name: token
        in: header
        description: 用户token
        required: true
        schema:
```

```
          type: string
      requestBody:
        description: 运营位创建结构
        content:
          application/json:
            schema:
              $ref: '#/components/schemas/OperationalItem'
        required: true
      responses:
        200:
          description: 创建结果
          content:
            application/json:
              schema:
                type: object
                properties:
                  error:
                    type: string
                    example: error
                  msg:
                    type: string
                    example: ok
  /operational/update:
    post:
      tags:
      - Operational
      description: 更新运营位状态
      parameters:
        - name: token
          in: header
          description: 用户token
          required: true
          schema:
            type: string
      requestBody:
        description: 运营位创建结构
        content:
          application/json:
            schema:
              type: object
              properties:
                status:
                  type: number
                  enum:
                    - 0
                    - 1
  id:
                  type: number
        required: true
      responses:
```

```
      200:
        description: 更新结果
        content:
          application/json:
            schema:
              type: object
              properties:
                error:
                  type: string
                  example: error
                msg:
                  type: string
                  example: ok
```

至此，我们已经定义好了完成本章开发任务所需要的接口文档，后面只需要根据文档分别实现前后端逻辑即可。

5.1.2 实现运营位图片上传接口

图片文件的上传接口实现起来并不困难，之前在介绍Multer中间件的时候我们写过类似的示例。首先简单修改一下server.ts中的部分代码，添加一个存放图片的静态资源路径，并且关闭上传接口的OpenAPI格式验证，代码如下：

【源码见目录4~/ShopBackend/server/common/server.ts】

```
// upload文件夹存放用户上传的文件，将其设置为静态资源
app.use('/upload', express.static(`${root}/upload`));
// 过滤掉上传接口的API验证
app.use(
  OpenApiValidator.middleware({
    apiSpec,
    validateResponses,
    ignorePaths: (path: string) => path.endsWith('/spec') ||
path.indexOf('/upload') >= 0,
  })
);
```

然后在项目的根目录下新建一个upload文件夹，在upload文件夹中再新建一个images文件夹，之后用户上传的图片都将保存在这个目录下。

温馨提示

upload 和 images 文件夹必须手动创建，后续将采用 DiskStorage 策略来处理文件的存储位置和命名，Multer 不会自动帮我们创建目录。

再在工程的controllers文件夹下新建一个名为common的文件夹，用于存放共用的接口文件。对应地，在common文件夹下新建两个文件：controller.ts和router.ts。在controller.ts下编写如下代码来处理图片上传逻辑：

【代码片段5-4 源码见目录4~/ShopBackend/server/controllers/common/controller.ts】

```
import { Request, Response } from 'express';
export class Controller {
  // 图片上传接口
  upload(req: Request, res: Response): void {
    if (!req.file) {
      // 如果request实例中的file属性为空，表示multer文件接收失败，返回失败
      res.status(200).json({
        msg:'error',
        error: '上传文件异常'
      });
    } else {
      // 返回上传成功的提示给客户端
      res.status(200).json({
        msg: 'ok',
        // 这里将返回图片的静态路径
        url: 'http://localhost:' + process.env.PORT + '/' + req.file?.path
      });
    }
  }
}
export default new Controller();
```

如果接收文件成功，返回给客户端的数据中会包含文件的访问地址。

在router.ts文件中编写如下代码：

【代码片段5-5 源码见目录4~/ShopBackend/server/controllers/common/router.ts】

```
import express from 'express';
import controller from './controller';
import multer from 'multer';
// 定义diskStorage对象
const storage = multer.diskStorage({
    // 对存储路径进行配置
    destination: function(_req, _file, callback) {
        callback(null, 'upload/images/')
    },
    // 对文件名进行配置
    filename: function(_req, file, callback) {
        callback(null, Date.now()  + "." + file.originalname.split('.').pop())
    }
})
// 定义multer对象
const upload = multer({
    storage: storage
})
export default express
  .Router()
  .post('/image/upload', upload.single('file'), controller.upload)
```

diskStorage对上传的文件的存放地址和命名进行了设置，在命名时采用当前的时间戳作为资源名，以防止命名冲突（实际应用中也可以选择更安全的随机法来命名），并拼接原文件的后缀名作为后缀。

最后，还需要将commom文件夹下的路由组件注册到Express应用实例中，在routes文件中添加如下代码：

【源码见目录4~/ShopBackend/server/routes.ts】

```
app.use('/api/v1/common', commonRouter);
```

运行工程，可以在接口文档中对图片上传接口进行测试，并尝试访问上传到服务端的图片。

5.1.3 实现用户鉴权中间件

接下来要实现的运营位相关逻辑接口都是要求用户登录后才能访问。虽然我们可以在单独的接口实现中对请求头中的token参数进行解析，之后对用户的有效性和身份信息进行校验，但这样会产生大量的冗余代码，每个业务接口都需要实现鉴权逻辑，如果后续要修改鉴权逻辑，则会使得项目的改造成本非常高。

在Express中，我们可以通过实现自定义的中间件来处理用户鉴权逻辑。中间件就是请求处理的中间过程。对于需要进行用户鉴权的接口，如果鉴权不通过，则中间件直接终止请求处理流程，返回状态码为401的请求回执给客户端；客户端接收到401状态码后，即知晓需要引导用户进行登录操作。

在后端工程的middlewares文件夹下新建一个名为authorize.ts的文件，编写如下代码：

【代码片段5-6　源码见目录4~/ShopBackend/server/api/middlewares/authorize.ts】

```
    import { Request, Response, NextFunction } from 'express';
    // 引入JWT模块
    import jsonwebtoken from 'jsonwebtoken'
    // token加密所使用的秘钥
    const tokenKey = 'qwer1234'
    // 普通用户鉴权中间件
    export function authorizeHandlerNormal(req: Request, res: Response, next: NextFunction): void {
      // 获取请求头中的Token数据
      let token = req.headers.token as string
      // Token不存在，提示登录
      if (!token || token.length == 0) {
        res.status(401).json({
            error:'请先登录'
        })
      } else {
        // 进行Token解析
        jsonwebtoken.verify(token, tokenKey, (err: any, decode: any)=>{
            if (err) {
                // 解析异常提醒重新登录
```

```
            res.status(401).json({
              error:'Token异常或过期，请重新登录'
            })
          } else {
            // 将解析的结果重新加入请求头中，传送到下一个处理步骤
            req.headers.user = decode
            next()
          }
        })
      }
    }
    // 管理员用户鉴权中间件，用在只能管理员访问的接口中
    export function authorizeHandleAdmin(req: Request, res: Response, next:
NextFunction): void {
      // 获取请求头中的Token数据
      let token = req.headers.token as string
      // Token不存在，提示登录
      if (!token || token.length == 0) {
        res.status(401).json({
          error:'请先登录'
        })
      } else {
        // 进行Token解析
        jsonwebtoken.verify(token, tokenKey, (err: any, decode: any)=>{
          if (err) {
            // 解析异常提醒重新登录
            res.status(401).json({
              error:'Token异常或过期，请重新登录'
            })
          } else {
            // 判断用户权限，若不是管理员，则提示无账号权限
            if (decode.role != 'admin') {
              res.status(401).json({
                error:'无管理员权限，请登录管理员账号'
              })
            } else {
              // 将解析的结果重新加入请求头中，传送到下一个处理步骤
              req.headers.user = decode
              next()
            }
          }
        })
      }
    }
```

上面代码中定义了authorizeHandlerNormal和authorizeHandleAdmin两个中间件，在后续实现接口时，根据接口所需的权限直接使用对应的中间件即可。注意，中间件解析用户信息后，会回写用户信息到请求头中，后续处理请求的业务接口可以直接从请求头中获取用户的id等信息实现业务逻辑。

在contorllers文件夹下新建一个名为operational的子目录，并在该子目录下创建controller.ts和router.ts文件。先将运营位业务接口做空实现，并接入鉴权中间件，以方便我们对鉴权函数进行测试，代码如下：

【源码见目录4~/ShopBackend/server/api/controllers/operational/controller.ts】

```
import { Request, Response } from 'express';
export class Controller {
    // 获取运营位接口
    get(req: Request, res: Response): void {
        console.log(req.headers.user);
        res.json({
            msg:'ok'
        })
    }
    // 新增运营位接口
    add(req: Request, res: Response): void {
        console.log(req.headers.user);
        res.json({
            msg:'ok'
        })
    }
    // 更新运营位状态接口
    update(req: Request, res: Response): void {
        console.log(req.headers.user);
        res.json({
            msg:'ok'
        })
    }
}
export default new Controller();
```

【源码见目录4~/ShopBackend/server/api/controllers/operational/router.ts】

```
import express from 'express';
import controller from './controller';
import {authorizeHandlerNormal, authorizeHandleAdmin} from
'../../middlewares/authorize';
// 定义路由，使用鉴权中间件
export default express
  .Router()
  .get('/get', authorizeHandlerNormal ,controller.get)
  .post('/add', authorizeHandleAdmin ,controller.add)
  .post('/update', authorizeHandleAdmin ,controller.update);
```

将此运营位路由注册到Express应用后，可以在接口文档页面中对运营位相关的业务接口的鉴权机制进行测试。

5.1.4　实现运营位业务接口

业务接口的实现无非是与数据库进行交互：新增运营位时向数据库中插入一条新的数据，更新运营位时更新数据库中的数据，获取运营位数据时读取数据库中的数据。与数据库相关的逻辑一般会放在services层进行处理。

在后端工程的services文件夹下新建一个名为operational.service.ts的文件，编写如下代码：

【代码片段5-7　源码见目录4~/ShopBackend/server/api/services/operational.service.ts】

```
// 导入模块
import database from '../../utils/database'
// 数据库中运营位表的表名
const tableName = 'Operational_Positions'
// 定义运营位模型接口
// 其中id和create_at在创建运营位时无须指定，它们在接口中被设置为可选属性
export interface Operational_Positions {
   id?: number;               // 标识
   name: string;              // 名称
   status: number;            // 状态
   create_at?: string;        // 创建时间
   cover: string;             // 封面
   content: string;           // 内容
   uri: string;               // 跳转路径
}
// 用户服务类
export class OperationalService {
   // 获取运营位数据
   getOperational(status: number) {
      return new Promise((resolve, reject)=>{
         database.queryData(tableName, ['*'], `status >= ${status}`,
(data)=>{
            if (!data) {
               reject("获取运营位数据失败")
            } else {
               let result = data.result
               resolve(result)
            }
         })
      });
   }
   // 新增运营位
   addOperational(op: Operational_Positions) {
      return new Promise((resolve, reject)=>{
         let keys = ['name', 'status', 'cover', 'content', 'uri']
         let values = [op.name, op.status, op.cover, op.content, op.uri]
         database.insertData(tableName, keys, values, (data)=>{
            if (!data) {
```

```
                    reject("创建运营位数据失败")
                } else {
                    console.log(data)
                    resolve(null)
                }
            })
        })
    }
    // 更新运营位状态
    updateOperational(status: number, id: number) {
        return new Promise((resolve, _reject)=>{
            database.updateData(tableName, `status = ${status}`, `id = ${id}`)
            resolve(null)
        })
    }
}
// 导出服务类
export default new OperationalService();
```

上面代码实现了一个运营位服务类，提供了获取、新增和更新方法，这些方法直接调用数据库工具方法来对数据库进行操作。在业务接口控制器层，直接解析参数调用运营服务类的方法即可，实现代码如下：

【代码片段5-8　源码见目录4~/ShopBackend/server/api/controllers/operational/controller.ts】

```
import { Request, Response } from 'express';
import operationalService from '../../services/operational.service'
export class Controller {
    // 获取运营位接口
    get(req: Request, res: Response): void {
        let status = Number(req.query.status as string)
        if (!status) {
            status = 0
        }
        operationalService.getOperational(status).then((data)=>{
            res.status(200).json({ msg: 'ok',datas: data })
        }).catch((error)=>{
            res.status(200).json({ msg: 'error', error: error })
        })
    }
    // 新增运营位接口
    add(req: Request, res: Response): void {
        // 解析请求参数
        let name = req.body.name
        let status = req.body.status
        let cover = req.body.cover
        let content = req.body.content
        let uri = req.body.uri
        operationalService.addOperational({ name, status, cover, content,
uri }).then(()=>{
            res.status(200).json({ msg: 'ok' })
```

```
        }).catch((error)=>{
            res.status(200).json({ msg: 'error', error: error })
        })
    }
    // 更新运营位状态接口
    update(req: Request, res: Response): void {
        let status = req.body.status
        let id = req.body.id
        if (status != 0 && status != 1) {
            status = 0
        }
        if (!id) {
            res.status(200).json({ msg:'error', error:'请指定要更新的运营位id' })
        }
        operationalService.updateOperational(status, id).then(()=>{
            res.status(200).json({ msg:'ok' })
        })
    }
}
export default new Controller();
```

运行工程，对运营位接口的功能进行测试吧。需要注意，对于运营位的创建和修改，需要使用管理员账户的Token进行测试。

5.2　实现后台管理端的运营位管理模块

本节将搭建电商后台管理的首页结构，并实现其中的运营位管理模块，以便管理员可以方便地对运营位进行配置。

5.2.1　搭建后台管理系统首页

营销推广只是电商后台管理的一部分功能，我们可以采用侧边栏导航的方式来组织功能模块。将HomePage.vue中的代码修改如下：

【代码片段5-9　源码见目录4~/ShopAdmin/src/components/HomePage.vue】

```
<script lang="ts" setup>
import Account from '../base/AccountStore';
import { useRouter } from 'vue-router';
import { PageName } from '../base/Router';
import { GoldMedal } from '@element-plus/icons-vue';
let account = Account()
let router = useRouter()
// 选中某个菜单项的方法
function selectedItem(item: string) {
    // 跳转到对应的路由
```

```
        router.push({
            path: item
    })
    }
    // 退出登录的方法，将页面跳转到登录页
    function logout() {
        account.logout()
        router.replace({
            name: PageName.login
        })
    }
    </script>
    <template>
        <el-container id="container">
            <!-- 侧边栏 -->
            <el-aside width="250px">
                <el-container id="top">
                    <div style="margin:auto;color:#ffffff;font-size:22px;
font-weight: bold;">
                        电商后台管理系统
                    </div>
                </el-container>
                <!-- 功能菜单 -->
                <el-menu
                :default-active="$route.path"
                style="height:100%"
                background-color="#545c64"
                text-color="#fff"
                active-text-color="#ffd04b"
                @select="selectedItem">
                    <el-sub-menu index="1">
                        <template #title>
                        <el-icon><GoldMedal /></el-icon>
                        <span>营销与推广</span>
                        </template>
                        <el-menu-item index="/home/operational">运营位管理
</el-menu-item>
    <el-menu-item index="/home/operationalAdd">创建位管理</el-menu-item>
                    </el-sub-menu>
                </el-menu>
            </el-aside>
            <!-- 主内容区 -->
            <el-main style="padding:0">
                <!-- 添加一个通用的头部 -->
                <el-header style="margin:0;padding:0;" height="80px">
                    <el-container
style="background-color:blanchedalmond;margin:0;padding:0;height:80px">
                        <div style="margin: auto;margin-left:100px"><h1>欢迎您登录后
台管理系统，<span style="font-weight: bold; color:
blueviolet;">{{ account.$state.info?.username }}</span>! </h1></div>
```

```
                <div style="margin: auto;margin-right:50px"><el-button
type="primary" @click="logout">注销</el-button></div>
            </el-container>
        </el-header>
        <!-- 这里用来渲染具体的功能模块组件 -->
        <router-view></router-view>
      </el-main>
    </el-container>
</template>
<style scoped>
#container {
    height: 100%;
    width:100%;
    position: absolute;
}
#top {
    background-color:#545c64;
    margin-right:1px;
    text-align: center;
    height: 60px;
}
</style>
```

首页被设计为左右两部分布局。左边的侧边栏为一个菜单组件，用于导航不同的功能模块。随着项目的发展，可以灵活地向此菜单组件添加更多的菜单项。右边又被分为上下两部分：上部是一个常驻的状态栏，显示当前登录的用户名，并提供退出登录的功能按钮；下部则是核心功能区。根据左侧边栏中被选中的菜单的不同，核心功能区会相应切换不同的功能组件，这需要使用到Vue Router的嵌套路由（二级路由）。代码中为每个菜单项都配置了一个index属性，该属性的值与相应组件的路由匹配。因此，当用户单击某个菜单项时，应用将通过路由切换直接展示对应的组件。

在compnents文件夹下新建名为OperationalCompnent.vue和OperationalAddCompnent.vue的空组件，将其作为运营位管理模块的功能组件。

【源码见目录4~/ShopAdmin/src/components/OperationalComponent.vue】

```
<template>
    运营位管理
</template>
```

【源码见目录4~/ShopAdmin/src/components/OperationalAddComponent.vue】

```
<template>
创建运营位
</template>
```

对应地在Router.ts中修改首页路由，使其支持运营位管理的子路由，代码如下：

【源码见目录4~/ShopAdmin/src/base/Router.ts】

```
// 定义一个路由对象，用于配置首页的路由信息
```

```
{
    path: '/home', // 路由路径为'/home'
    name: PageName.home, // 路由名称为PageName.home
    component: HomePage, // 对应的组件为HomePage
    children:[ // 子路由列表
        {
            path:'operational', // 子路由路径为'operational'
            component:OperationalComponent, // 对应的组件为OperationalComponent
            name:"Operational" // 子路由名称为'Operational'
        },
        {
            path:'operationalAdd', // 子路由路径为'operationalAdd'
            component:OperationalAddComponent, // 对应的组件为
OperationalAddComponent
            name:"OperationalAdd" // 子路由名称为'OperationalAdd'
        }
    ],
    redirect:'/home/operational' // 重定向到'/home/operational'路径
}
```

这里有一个细节需要注意，HomePage组件本身是一个容器页面，它自身的路由其实是没有意义的，因此在使用redirect对/home路由进行重定向时，如果用户登录成功，则默认跳转到首页并展示运营位管理模块。

运行代码，当前后台管理系统的登录页面的效果如图5-3所示。可以尝试单击左侧边栏上的菜单项，对应的功能组件也会同步切换。

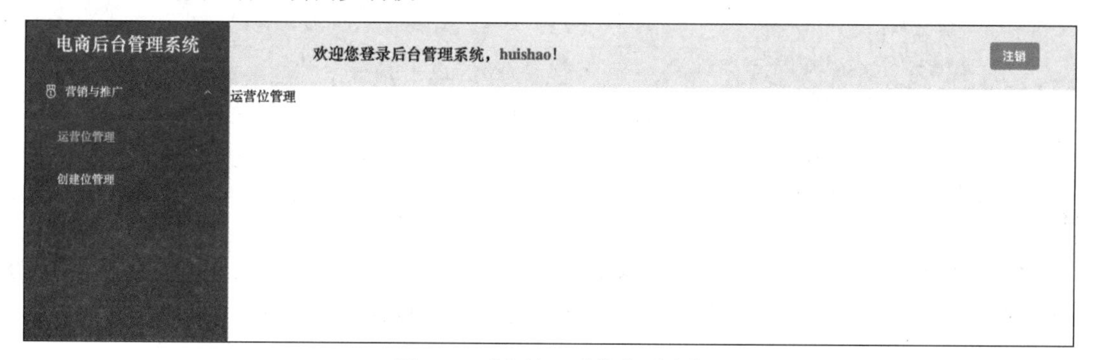

图 5-3 后台管理系统首页结构

5.2.2 实现创建运营位组件

调用运营位相关的业务接口需要进行用户鉴权。在服务端，用户鉴权逻辑是由中间件统一处理的，对于鉴权不通过的用户会返回401状态码。在客户端，我们可以通过为请求实例增加回执拦截器来统一处理401异常，当收到状态码为401的回执时，说明客户端的Token错误或已经过期，此时，会将本地存储的用户数据清空并将页面跳转到登录页。同样地，状态管理器AccountStore也需要做相应的修改，在登录或登出时，对应地将Token插入请求实例的统一请求头中或从请求头中移除。

在AccountStore.ts文件的状态初始化流程中增加如下代码：

【源码见目录4~/ShopAdmin/src/base/AccountStore.ts】

```
if (info.token) {
    worker.defaults.headers.token = info.token
}
```

其中worker是RequestWork.ts文件中所导出的请求实例对象。

AccountStore.ts中的登录和登出方法也对应地对请求头中的Token进行处理，代码如下：

【源码见目录4~/ShopAdmin/src/base/AccountStore.ts】

```
// 登录行为
login(info: AccountInfo) {
    this.info = info.info
    this.token = info.token
    // 将账户数据编码为JSON字符串后存储到本地
    localStorage.setItem(localStorageKey, JSON.stringify(info))
    // 进行Header的Token设置
    // 向请求头中增加Token
    if (info.token) {
        worker.defaults.headers.token = info.token
    }
},
// 登出行为
logout() {
    // 清空数据
    this.info = undefined
    this.token = undefined
    localStorage.removeItem(localStorageKey)
    // 清空请求头中的Token
    worker.defaults.headers.token = ""
}
```

之后，在RequestWork.ts文件中的worker实例中新增一个请求回执拦截器，当服务端返回请求结果到客户端时，会先执行拦截器中的逻辑。axios拦截器的设计思路与Express中的中间件类似，代码如下：

【源码见目录4~/ShopAdmin/src/base/RequestWork.ts】

```
// 定义一个拦截器
worker.interceptors.response.use((response) => {
    return response;
}, (error)=>{
    if (error.response.status == 401) {
        // 直接退出登录
        AccountStore().logout()
        window.location.href = '/#/login'
    }
    return Promise.reject(error);
})
```

拦截器会对所有worker实例发出的请求回执进行拦截，如果返回的状态码为401，则直接进行登出操作，并跳转回登录页面。注意，在RequestWork.ts文件中并不能获取Vue组件的执行环境，因此无法使用注入Vue组件中的路由实例，但可以直接操作页面的URL来实现跳转。另外，在RequestWork.ts文件的RequestPath枚举中新增一个创建运营位的接口路径，代码如下：

【源码见目录4~/ShopAdmin/src/base/RequestWork.ts】

```
// 定义接口路径
enum RequestPath {
    login = "/users/login",
    signup = "/users/signup",
    operationalAdd = "/operational/add"
}
```

做好了这些准备工作，剩下的就只需实现OperationalAddComponent组件的具体逻辑。先编写页面框架，实现模板部分的代码如下：

【代码片段5-10　源码见目录4~/ShopAdmin/src/components/OperationalAddComponent.vue】

```
<template>
    <div class="contentContainer">
        <!-- 运营图片上传模块 -->
        <el-upload
            drag
            action="http://localhost:3000/api/v1/common/image/upload"
            method="post"
            name="file"
            list-type="picture"
            :limit="1"
            :on-success="uploadImageSuccess"
            :on-error="uploadImageError"
            :on-remove="uploadImageRemove">
            <el-icon :size="60" style="color: gray;"
class="upload"><upload-filled /></el-icon>
            <div class="el-upload__text">
            拖曳图片到此或者 <b>选择图片</b>
            </div>
            <template #tip>
            <div class="el-upload__tip">
                图片类型为JPG/PNG
            </div>
            </template>
        </el-upload>
        <!-- 各种表单模块 -->
        <div class="input">
            <span>运营位名称：</span>
            <el-input
                style="width: 200px;"
                v-model="name"
                placeholder="请输入内容"/>
```

```
        </div>
        <div class="input">
            <span>运营位描述：</span>
            <el-input
                style="width: 800px;"
                v-model="content"
                placeholder="请输入内容"/>
        </div>
        <div class="input">
            <span>落地页路由：</span>
            <el-input
                style="width: 800px;"
                v-model="uri"
                placeholder="请输入内容"/>
        </div>
        <div class="input">
            <span>运营位状态：</span>
            <el-radio-group v-model="status" size="large">
                <el-radio-button label="禁用" />
                <el-radio-button label="启用" />
            </el-radio-group>
        </div>
        <!-- 上传按钮 -->
        <div class="input">
            <el-button type="primary" :disabled="disableCheak"
@click="create">创建运营位</el-button>
        </div>
    </div>
</template>
```

在上述代码中，最外层的容器指定了contentContainer的类名。对于业务功能模块来说，外层容器的布局方式是统一的，可以将此CSS样式表直接定义在style.css文件中，作为全局样式使用，代码如下：

【源码见目录4~/ShopAdmin/src/style.css】

```
.contentContainer {
  margin: 30px;
}
```

模板代码中还使用了el-upload组件，这个组件是Element Plus提供的文件上传组件，只需简单配置上传服务的地址、上传请求的方法以及对应的文件表单名称，即可实现文件上传。on-success需要配置一个函数，上传成功后会被回调。服务端返回的数据会作为参数传入此函数。on-error配置上传请求失败的回调。on-remove配置用户手动删除已上传的文件后的回调。除了上传模块，页面中还需要提供创建运营位时必要的其他表单元素，用来让用户输入运营位名称、描述等信息。input类样式表定义如下：

【源码见目录4~/ShopAdmin/src/style.css】

```
<style scoped>
```

```
.input {
    margin-top: 40px;
}
</style>
```

在script部分将模板中使用到的方法和属性进行定义，代码如下：

【代码片段5-11　源码见目录4~/ShopAdmin/src/components/OperationalAddComponent.vue】

```
<script setup lang="ts">
// 引入模块
import { ElMessage } from 'element-plus';
import { ref, computed } from 'vue';
import { startRequest, RequestPath } from '../base/RequestWork'
// 定义属性
let cover = ref("")          // 封面
let name = ref("")           // 名称
let content = ref("")        // 内容
let uri = ref("")            // 落地页
let status = ref("禁用")     // 状态
// 计算属性，控制创建按钮的禁用状态
let disableCheak = computed(()=>{
    return !(cover.value.length > 0 && name.value.length > 0 &&
content.value.length > 0 && uri.value.length > 0)
})
// 上传成功的回调方法
function uploadImageSuccess(data:any) {
    ElMessage.success({
        message: '图片添加成功'
    })
    cover.value = data.url
}
// 上传失败的回调方法
function uploadImageError() {
    ElMessage.error({
        message: '图片添加失败，请重试'
    })
}
// 删除上传的文件的回调方法
function uploadImageRemove() {
    cover.value = ""
}
// 创建运营位方法
function create() {
    // 发起创建运营位接口
    startRequest(RequestPath.operationalAdd, "post", {
        name: name.value,
        content: content.value,
        cover: cover.value,
        status: status.value == '禁用' ? 0 : 1,
        uri: uri.value
```

```
    }).then(()=>{
        ElMessage.success({
            message: '创建成功，请到运营位管理页面查看'
        })
    }).catch((error)=>{
        ElMessage.error({
            message: error.response.data.error
        })
    })
}
</script>
```

现在可以尝试运行工程，在页面中进行运营位的创建操作，效果如图5-4所示。

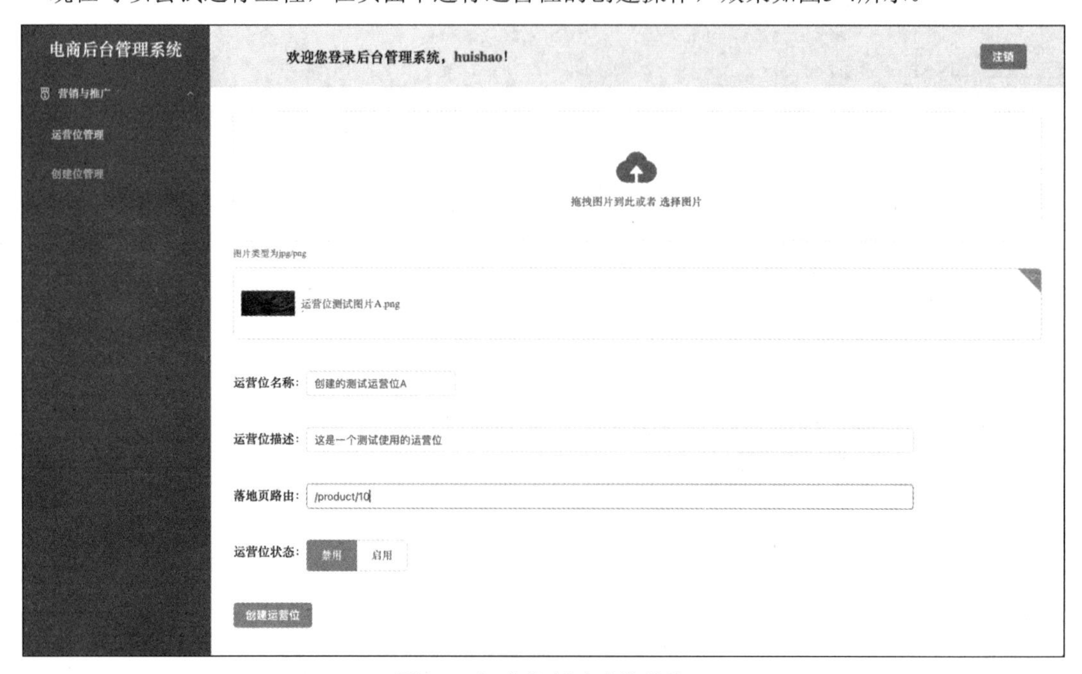

图 5-4　运营位创建功能模块

后面我们将实现运营管理模块的前端功能，创建成功的运营位便可以在运营位管理模块中查看和操作。

5.2.3　实现运营位管理模块

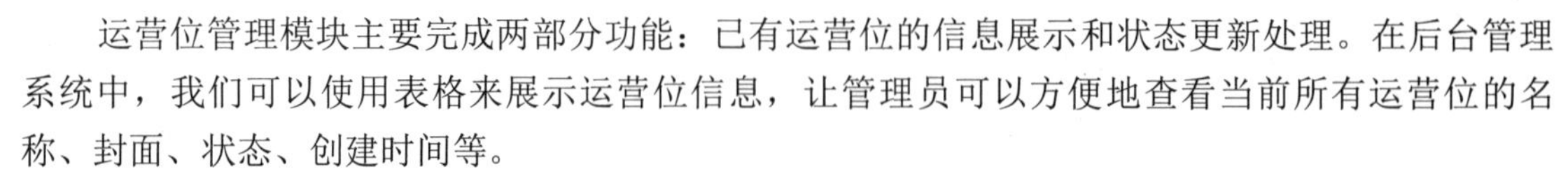

运营位管理模块主要完成两部分功能：已有运营位的信息展示和状态更新处理。在后台管理系统中，我们可以使用表格来展示运营位信息，让管理员可以方便地查看当前所有运营位的名称、封面、状态、创建时间等。

首先在RequestWork.ts文件中的RequestPath枚举中新增两个业务接口，定义如下：

【源码见目录4~/ShopAdmin/src/base/RequestWork.ts】

```
operationalGet = "/operational/get"
```

```
operationalUpdate = "/operational/update"
```

新增一个运营位数据模型接口，定义如下：

【源码见目录4~/ShopAdmin/src/base/RequestWork.ts】

```
export interface OperationalItemData {
    id: number,
    name: string,
    status: number,
    created_at: string,
    cover: string,
    content: string,
    uri: string
}
export interface OperationalResponseData {
    msg: 'error' | 'ok',
    error?: string,
    datas?: OperationalItemData[]
}
```

OperationalResponseData模型接口与后端返回的数据结构一致。

在OperationalComponent.vue文件中编写如下代码：

【代码片段5-12　源码见目录4~/ShopAdmin/src/components/OperationalComponent.vue】

```
<script setup lang="ts">
import { onMounted, ref } from 'vue';
import {RequestPath, startRequest, OperationalResponseData,
OperationalItemData} from '../base/RequestWork'
import { ElMessage } from 'element-plus';
// 列表绑定的数据
let tableData = ref()
// 组件挂载时的生命周期函数
onMounted(()=>{
    // 请求所有运营位数据
    startRequest(RequestPath.operationalGet, 'get', {'status':
0}).then((response)=>{
        let data = response.data as OperationalResponseData
        tableData.value = data.datas ?? []
    }).catch((error)=>{
        ElMessage.error({
            message: error.response.data.error
        })
    })
})
// 更新运营位状态的方法
function changeState(item: OperationalItemData) {
    console.log(item)
    startRequest(RequestPath.operationalUpdate, 'post', {
        status: item.status == 0 ? 1 : 0,
        id: item.id
```

```
        }).then(()=>{
            // 请求成功后，修改列表绑定的数据
            tableData.value.forEach((element: OperationalItemData) => {
                if (element.id == item.id) {
                    element.status = (item.status == 0 ? 1 : 0)
                }
            });
        }).catch((error)=>{
            ElMessage.error({
                message: error.response.error
            })
        })
    }
    </script>
    <template>
        <div class="contentContainer">
            <el-table :data="tableData" style="width: 100%">
            <el-table-column prop="id" label="ID"  width="80"/>
            <el-table-column label="封面" width="180">
                <template #default="scope">
                    <el-image style="width: 200px; " :src="scope.row.cover"
fit="contain" />
                </template>
            </el-table-column>
            <el-table-column prop="name" label="运营位名称" width="180" />
            <el-table-column prop="content" label="运营语"
width="240"></el-table-column>
            <el-table-column prop="uri" label="落地页"
width="100"></el-table-column>
            <el-table-column prop="created_at" label="创建时间"
width="280"></el-table-column>
            <el-table-column label="运营位状态">
                <template #default="scope">
                    <el-tag :type="(scope.row.status == 0) ? 'info' :
'success'">{{ (scope.row.status == 0) ? '未启用' : '已启用' }}</el-tag>
                </template>
            </el-table-column>
            <el-table-column label="操作">
                <template #default="scope">
                    <el-button :type="(scope.row.status == 0) ? 'primary' : 'danger'"
@click="changeState(scope.row)">{{ (scope.row.status == 0) ? '开启' : '禁用
' }}</el-button>
                </template>
            </el-table-column>
            </el-table>
        </div>
    </template>
```

el-table组件内部的el-table-column用来定义表头，每个el-table-column可以理解为一列，如果设置了prop属性，则会自动从数据源对象中取对应的值作为当前行中此列的值。el-table-column也支持通过插槽来自定义内容。

运行工程，创建几个运营位，后台管理系统页面如图5-5所示。

图 5-5　后台管理系统运营位管理模块

5.3　实现用户端的运营位模块

要实现用户端运营位模块，首先在用户端的请求头中增加Token字段，然后仿照后台管理端的AccountStore.ts文件的实现即可。此外，在用户端的Shop项目的RequestWork.ts文件中也对应地为网络管理实例增加一个拦截器，处理Token异常时的相关逻辑。这部分的实现与后台管理端的类似，本节不再赘述。用户端的首页不需要像后台管理端那样分为多个模块，我们计划在首页布局一个公共的头部状态栏，在状态栏上提供购物车和退出登录等功能的入口，状态栏下面是用来营销推广的运营位，再下面是具体的商品列表。下面就来实现用户端首页状态栏与运营位。

用户端中的状态栏是一个全局组件。用户在购物过程中，首先会在页面中的商品列表中选择商品（也可以直接搜索心仪的商品），找到有意向的商品后，进入商品详情页查看商品详细信息，如果满意，则将它添加到购物车，进行下单等操作。在一系列的电商行为中，页面中的核心功能模块可能一直在切换，但顶部的状态栏是不变的。因此，我们可以将状态栏编写在HomePage组件中，并在HomePage组件中定义子路由来承接主流程功能组件的切换。

在用户端的Shop项目的HomePage.vue文件中编写如下代码：

【代码片段5-13　源码见目录4~/Shop/src/components/HomePage.vue】

```
<script lang="ts" setup>
// 引入模块
import Account from '../base/AccountStore';
import { useRouter } from 'vue-router';
import { PageName } from '../base/Router';
import { ref } from 'vue';
let router = useRouter()
let account = Account()
// 绑定到搜索栏的属性
let searchText = ref("")
// 登出方法
function logout() {
    account.logout()
    router.replace({
```

```
        name: PageName.login
      })
    }
  </script>
  <template>
    <!-- 固定组件，会常驻在页面顶部 -->
    <el-affix :offset="0">
      <div class="top-bar">
        <!-- 用户头像部分 -->
        <el-avatar style="font-size: 30px;background-color: red;
margin-top:10px; margin-left: 60px;">
{{ account.$state.info?.username.charAt(0) }} </el-avatar>
        <!-- 欢迎语 -->
        <span style="font-size: 25px; color: red; margin-top:10px;
margin-left: 20px;">欢迎您的光临~</span>
        <!-- 搜索栏部分 -->
        <span>
          <el-input
            v-model="searchText"
            placeholder="搜索感兴趣的商品"
            style="width: 700px; margin-left: 40px; height: 40px;"
            input-style="color:red">
            <template #append>
              <el-icon style="color: red;"><el-button icon="Search"
/></el-icon>
            </template>
          </el-input>
        </span>
        <!-- 登出按钮 -->
        <el-button type="primary" @click="logout" style="background-color:
red; border-color: red; margin-left: 60px;">注销</el-button>
      </div>
    </el-affix>
    <!-- 主流功能区 -->
    <div class="container">
      <router-view></router-view>
    </div>
  </template>
  <style scoped>
  .top-bar {
    width: 100%;
    background-color: white;
    border-bottom: 2px red solid;
    height: 60px;
  }
  .container {
    margin: 0px 60px;
  }
  </style>
```

上面代码在实现状态栏时，向其中添加了一个搜索栏，用户可以在搜索栏中输入关键词进行商品搜索，搜索模块的功能将留在后续实现。

在Shop项目的components文件夹下新建一个名为MainPage.vue的文件，此文件用来对运营位和商品列表进行渲染，本节我们只实现运营位部分。编写如下代码：

【代码片段5-14 源码见目录4~/Shop/src/components/MainPage.vue】

```
<script setup lang="ts">
import {RequestPath, startRequest, OperationalResponseData,
OperationalItemData} from '../base/RequestWork'
import { onMounted, ref } from 'vue';
import { ElMessage } from 'element-plus';
// 轮播位绑定的数据
let datas = ref()
// 组件挂载时的生命周期函数
onMounted(()=>{
   // 请求运营位数据，只获取启用状态的运营位
   startRequest(RequestPath.operationalGet, 'get', {'status':
1}).then((response)=>{
      let data = response.data as OperationalResponseData
      datas.value = data.datas ?? []
   }).catch((error)=>{
      ElMessage.error({
         message: error.response.data.error
      })
   })
})
// 单击某个运营位的方法，后续实现具体功能
function clickItem(item: OperationalItemData) {
   console.log(item)
}
</script>
<template>
   <div class="operational">
      <!-- 轮播组件 -->
      <el-carousel indicator-position="outside" height="auto">
         <el-carousel-item v-for="item in datas" :key="item.id"
style="height: 400px">
            <div class="content" @click="clickItem(item)">
               <el-image style="width: 100%; height:
400px;" :src="item.cover" fit="fill"/>
               <div class="bottom-bar">
                  {{ item.content }}
               </div>
            </div>
         </el-carousel-item>
      </el-carousel>
   </div>
</template>
<style scoped>
```

```
.operational {
   margin-top: 20px;
}
.content {
   background-color: azure;
   height: 400px;
}
.bottom-bar {
   background-color: #00000077;
   position: fixed;
   height: 40px;
   bottom: 0px;
   width: 100%;
   color: white;
   line-height: 40px;
   padding-left: 20px;
}
</style>
```

el-carousel组件用来创建一个轮播图，其内部每个元素使用el-carousel-item来定义，它会自动进行循环轮播。注意，这里调用了获取运营位的接口，其实现方法与后台管理系统中的对应方法一致，只是函数在调用时，将状态参数设置为1，只获取已启用的运营位数据。

运行工程，如果一切正常，效果将如图5-6所示。

图 5-6　用户端的运营位实现效果

至此我们已经完成了电商项目三端的营销推广模块，读者可以尝试在后台管理系统中操作运营位，从而影响用户端的展现。

5.4　小结与上机练习

本章我们实现了三端的运营推广模块，运营位的数据结构简单，创建和更新所涉及的字段相对较少，实现起来相对轻松。读者可以尝试对运营位管理功能进行扩展，例如增加管理员删除运营位的功能、增加运营位生效时间和过期时间等。

思考1：如何实现运营位的删除功能？

提示：首先需要在服务端定义一个新的删除运营位接口，具体的删除动作可以通过数据库删除指令来实现。与更新运营位类似，删除运营位时需要将运营位的 id 作为参数传递到服务端，服务端完成数据的删除。

思考2：什么场景下适合使用轮播图来渲染内容？

提示：当有多个内容需要展示，且内容的核心部分是由图片承载时，使用轮播组件会非常合适。

练习：实现本章讲解的模块，并尝试对运营位管理功能进行扩展，例如增加管理员删除运营位的功能、增加运营位生效时间和过期时间等。

可参考以下代码进行练习：

```
//电商后台运营位管理模块
class OperationalPositionManager:
    def __init__(self):
        # 初始化运营位列表
        self.operational_positions = []

    // 增加运营位
    def add_operational_position(self, position):
        self.operational_positions.append(position)

    // 删除运营位
    def delete_operational_position(self, position_id):
        for position in self.operational_positions:
            if position['id'] == position_id:
                self.operational_positions.remove(position)
                break

    // 设置运营位生效时间
    def set_effective_time(self, position_id, effective_time):
        for position in self.operational_positions:
            if position['id'] == position_id:
                position['effective_time'] = effective_time
                break

    // 设置运营位过期时间
    def set_expiration_time(self, position_id, expiration_time):
        for position in self.operational_positions:
            if position['id'] == position_id:
                position['expiration_time'] = expiration_time
                break

    // 获取运营位列表
    def get_operational_positions(self):
        return self.operational_positions
```

提　示

上述代码定义了一个名为OperationalPositionManager的类，用于管理电商后台的运营位，其中包含了增加运营位、删除运营位、设置运营位生效时间和过期时间等功能。

第6章

开发商品列表与详情模块

本章我们将完成电商项目中最核心的与商品相关的模块部分。商品一般由管理员在后台管理系统中进行添加。商品有着很多复杂的属性，例如商品类别、商品介绍、价格、库存、状态等。为了方便读者学习，在定义商品表结构时，我们只保留必需的字段。商品要有所属类别，类别本身也需要管理和维护，如新类别的创建和旧类别的修改等。我们会将类别信息也单独维护到一张表中，在商品表结构中只保存类别的唯一标识id值。

在电商项目的商品模块中，在用户端将完成商品列表和商品详情模块，在后台管理端将完成商品类别管理模块和商品管理模块，服务端将为这些前端功能提供接口和数据支持。

本章学习目标：

- 定义商品类别表。
- 定义商品表。
- 使用 MySQL 进行多表联合查询。
- 使用富文本编辑器创建商品详情内容。
- 能够在页面中插入富文本内容。
- 实现用户端商品选购功能。

6.1 开发服务端的商品相关模块

服务端的商品模块主要为商品的创建和用户端渲染提供支持，涉及以下内容：

- 商品类别表的定义。
- 商品表的定义。
- 商品类别的获取、增加和修改接口。
- 商品的获取、增加、修改和删除接口。

其中，商品本身所抽象的数据结构属性较多，因此对应的接口逻辑也会略微复杂。我们将采用富文本的方式对商品详情进行定义，在后台管理端编辑富文本后将它存储到服务端数据库中，用户端获取到商品详情富文本后进行解析和渲染。

6.1.1　商品类别表的定义与接口实现

对商品进行分类是一个电商系统的基本功能。在实际的业务场景中，类别是可以嵌套的，例如电子类商品下又可以分出手机、电脑、电视等子品类。在本项目中，我们只实现一级分类，即所有的类别都是最终类别，没有子类别。

类别表需要包含的字段如表6-1所示。

表 6-1　商品类别表

字 段 名	类　型	意　义
id	整型	唯一标识
name	字符串	类别名称
description	字符串	类别表述
created_at	日期时间	创建时间
sort	整型	排序权重

根据表6-1的描述，使用如下SQL语句来创建商品类别表：

```
CREATE TABLE Category (
  id INT PRIMARY KEY AUTO_INCREMENT,
  name VARCHAR(255) NOT NULL,
  description VARCHAR(255),
  created_at DATETIME DEFAULT CURRENT_TIMESTAMP,
  sort INT DEFAULT 0
);
```

其中sort字段用来进行排序，其值设置得越大，在用户端展示时，对应的类别将越靠前。

在开发业务接口之前，先在后端ShopBackend项目的api.yml文件中对类别相关的接口文档进行定义。我们之前已经对OpenAPI文档的结构进行了介绍，此处不再列出实例代码，步骤列举如下：

步骤01 在 schemas 中定义一个新的类别组件，参照数据库表结构定义即可。

步骤02 在 tags 中定义一个新的标签——Goods，商品模块的接口将关联到此标签下。

步骤03 在 paths 下新定义 3 个接口，分别为/goods/category/get、/goods/category/add 和/goods/catrgory/update。

步骤04 将/goods/category/get 接口的请求方法指定为 get，无额外业务字段，返回以 sort 进行排序的类别表。

步骤05 将/goods/category/add 接口的请求方法指定为 post，参数为 schemas 中定义的类别组件，无须返回额外业务字段，只返回成功与否。

步骤06 将/goods/catrgory/update 接口的请求方法指定为 post，参数为 schemas 中定义的类别组件，只是其中的 id 为必填项，无须返回额外业务字段，只返回成功与否。

另外，这些业务接口都需要进行用户验证，Header中都需要有Token字段。详细的代码可参考源码：4~/ShopBackend/server/common/api.yml。

在ShopBackend工程的controllers文件夹下新建一个命名为goods的子目录，在其中创建controller.ts和router.ts文件，商品相关的逻辑接口将在这个控制器中处理。获取、创建和修改类别的接口的定义与之前的运营位管理接口非常类似，控制器和路由部分的实现也类似，主要区别在于与数据库的交互部分，在services文件夹下新建一个名为goods.service.ts的文件，编写如下代码：

【代码片段6-1　源码见目录4~/ShopBackend/server/api/services/goods.services.ts】

```
// 导入模块
import database from '../../utils/database'
// 数据库中运营位表的表名
const categoryTableName = 'Category'
// 定义商品类别模型接口
export interface CategoryItem {
    id?: number;                    // 标识
    name: string;                   // 名称
    description: string;            // 描述
    created_at?: string;            // 创建时间
    sort: number;                   // 排序权重
}
// 商品服务类
export class GoodsService {
    // 获取所有类别数据
    getAllCategory() {
        return new Promise((resolve, reject)=>{
            database.queryData(categoryTableName, ['*'], "id IS NOT NULL ORDER
BY sort DESC", (data)=>{
                if (!data) {
                    reject("获取类别数据失败")
                } else {
                    let result = data.result
                    resolve(result)
                }
            })
        });
    }
    // 新增类别
    addCategory(ca: CategoryItem) {
        return new Promise((resolve, reject)=>{
            let keys = ['name', 'description', 'sort']
            let values = [ca.name, ca.description, ca.sort]
            database.insertData(categoryTableName, keys, values, (data)=>{
                if (!data) {
                    reject("创建类别失败")
                } else {
```

```
                resolve(null)
            }
        })
    })
  }
  // 新增类别
  updateCategory(ca: CategoryItem) {
    return new Promise((resolve, _reject)=>{
        database.updateData(categoryTableName, `name='${ca.name}',
description='${ca.description}', sort=${ca.sort}`, `id = ${ca.id}`)
        resolve(null)
    })
  }
}
// 导出服务类
export default new GoodsService();
```

GoodsService类提供数据库交互支持，目前只实现了商品类别的数据库交互方法。后续商品数据本身的数据库操作方法也会写在这个文件中。

下面实现goods文件夹下的controller.ts文件，此控制器接收前端发送的请求，解析出所需要的参数，与数据库交互后将结果返回给前端程序，代码如下：

【代码片段6-2　源码见目录4~/ShopBackend/server/api/controllers/goods/controller.ts】

```
import { Request, Response } from 'express';
import goodsService from '../../services/goods.service'
export class Controller {
  // 获取所有类别接口
  get(_req: Request, res: Response): void {
    goodsService.getAllCategory().then((data)=>{
      res.status(200).json({ msg: 'ok',datas: data })
    }).catch((error)=>{
      res.status(200).json({ msg: 'error', error: error })
    })
  }
  // 新增类别接口
  add(req: Request, res: Response): void {
    // 解析请求参数
    let name = req.body.name
    let description = req.body.description
    let sort = req.body.sort
    goodsService.addCategory({ name, description, sort }).then(()=>{
      res.status(200).json({ msg: 'ok' })
    }).catch((error)=>{
      res.status(200).json({ msg: 'error', error: error })
    })
  }
  // 更新类别接口
  update(req: Request, res: Response): void {
    let name = req.body.name
```

```
        let id = req.body.id
        let description = req.body.description
        let sort = req.body.sort
        if (sort == undefined) {
            sort = 0
        }
        if (!id) {
            res.status(200).json({ msg:'error', error:'请指定要更新的类别id' })
        }
        goodsService.updateCategory({name, id, description, sort}).then(()=>{
            res.status(200).json({ msg:'ok' })
        })
    }
}
export default new Controller();
```

对应地在商品模块的路由文件中增加如下代码：

【源码见目录4~/ShopBackend/server/api/controllers/goods/router.ts】

```
import express from 'express';
import controller from './controller';
import {authorizeHandlerNormal, authorizeHandleAdmin} from
'../../middlewares/authorize';
// 定义路由，使用鉴权中间件
export default express
  .Router()
  .get('/category/get', authorizeHandlerNormal ,controller.get)
  .post('/category/add', authorizeHandleAdmin ,controller.add)
  .post('/category/update', authorizeHandleAdmin ,controller.update);
```

商品分类模块的控制器部分与运营位管理模块的控制器部分逻辑基本一致，最后只需在routers文件中对商品模块的路由进行注册，即可在API文档页面中进行商品类别的接口测试。

6.1.2　商品表与相关接口的实现

我们之前简单分析过一个电商系统的商品模型需要包含哪些信息，完整的商品表结构如表6-2所示。

表 6-2　商品表结构

字 段 名	类　型	意　义
id	整型	唯一标识
name	字符串	商品的名称
description	字符串	商品的表述
created_at	日期时间	创建时间，默认为当前时间
detail	文本	商品的详情（富文本方式存储）
category_id	整型	商品关联的类别

（续表）

字 段 名	类　型	意　义
Price	浮点型	商品的价格
discounted_price	浮点型	商品的折扣价
stock	整型	库存量
image	字符串	商品图片
status	整型	商品状态（上架/下架）
brand	字符串	商品品牌

其中，detail字段用来存储商品详情内容，将采用TEXT类型。创建商品表的SQL语句如下：

```
CREATE TABLE Product (
  id INT PRIMARY KEY AUTO_INCREMENT,
  name VARCHAR(255) NOT NULL,
  description VARCHAR(255),
  created_at DATETIME DEFAULT CURRENT_TIMESTAMP,
  detail TEXT,
  category_id INT,
  price FLOAT,
  discounted_price FLOAT,
  stock INT,
  image VARCHAR(255),
  status INT,
  brand VARCHAR(255)
);
```

在MySQL的shop数据库中创建Product商品表，结果如图6-1所示。

```
mysql> desc Product;
+------------------+--------------+------+-----+-------------------+-------------------+
| Field            | Type         | Null | Key | Default           | Extra             |
+------------------+--------------+------+-----+-------------------+-------------------+
| id               | int          | NO   | PRI | NULL              | auto_increment    |
| name             | varchar(255) | NO   |     | NULL              |                   |
| description      | varchar(255) | YES  |     | NULL              |                   |
| created_at       | datetime     | YES  |     | CURRENT_TIMESTAMP | DEFAULT_GENERATED |
| detail           | text         | YES  |     | NULL              |                   |
| category_id      | int          | YES  |     | NULL              |                   |
| price            | float        | YES  |     | NULL              |                   |
| discounted_price | float        | YES  |     | NULL              |                   |
| stock            | int          | YES  |     | NULL              |                   |
| image            | varchar(255) | YES  |     | NULL              |                   |
| status           | int          | YES  |     | NULL              |                   |
| brand            | varchar(255) | YES  |     | NULL              |                   |
+------------------+--------------+------+-----+-------------------+-------------------+
12 rows in set (0.00 sec)
```

图 6-1　商品表结构

商品模块所需的接口有新增商品接口、修改商品接口、删除商品接口以及获取商品列表和获取商品详情的接口。之所以将商品列表接口与商品详情接口分开，是因为在商品数据中，详情数据的数据量会很大，而在前端列表页渲染商品列表时，并不需要完整的商品详情数据。对于商品列表来说，用户端和后台管理端的业务需求也不太一样，后台管理端只需要将所有的商品按照时间顺序进行排序即可，用户端则需要分类别地浏览商品。因此，服务端提供的接口要相对灵活，能够根据请求参数来选择筛选和排序方式。另外，一个电商网站中的商品可能会非常多，我们不能设计为一次请求就将所有商品都返回给前端，商品列表接口的设计还需要考虑分页逻辑。

在ShopBackend项目的api.yml文件中对这些接口进行定义，步骤如下：

步骤01 新增商品 scheme 组件。注意，在定义商品组件时，不能仅返回类别 id，服务端需要将前端所需要的具体类别数据也包装在商品模型中返回。详细代码可参考源码：4~/ShopBackend/server/common/api.yml。具体模型的组件将在接口逻辑中进行处理。

步骤02 在 paths 下新定义 5 个接口，分别为/goods/get、/goods/list/get、/goods/add、/goods/update 和/goods/delete。

步骤03 将/goods/get 接口的请求方法定义为 get 方法，定义 id 为必需的请求参数，返回商品信息模型。

步骤04 将/goods/list/get 接口的请求方法定义为 get 方法，定义 3 个额外的请求参数：cid、offset 和 limit。其中 cid 指定商品的类别，不传则默认返回所有类别的商品；offset 和 limit 参数分别控制分页请求的页数和每页的数据量。此接口将返回一组商品数据。

步骤05 将/goods/add 接口的请求方法定义为 post 方法，请求 body 参数为商品模型，传参时无须设置 id、created_at 等自动生成的字段，category 中只需要设置 id 字段即可。

步骤06 将/goods/update 接口的请求方法定义为 post 方法，请求 body 参数为商品模型。本接口相比/goods/add 接口的不同点在于 id 字段必传。

步骤07 将/goods/delete 接口的请求方法定义为 post 方法，请求 body 参数中的 id 字段必传，用来指定要删除的商品。

要获取商品信息的相关接口，需要将商品类别信息一同聚合到返回的数据结构中，这就涉及多表的联合查询。在MySQL中，我们可以方便地从不同的表中查询数据，通过使用json_object函数，很容易将其他表的数据整理成指定的JSON格式并拼入最终的查询结果中。

以商品查询为例，在从商品表中查询到指定的商品数据后，需要用category_id来查出当前商品的类别信息，将类别信息组装成JSON对象拼入查询结果中，SQL语句示例如下：

```
select
name,description,category_id,price,discounted_price,stock,image,status,brand,
(select json_object('id', Category.id,'name', Category.name,'description',
Category.description,'sort', Category.sort,'created_at', Category.created_at)
from Category Category where Category.id=o.category_id) as category from Product
o where id=1;
```

上面的SQL语句比较复杂，我们可以将其简化为如下形式：

```
select [mainTableKeys], [subSQL] from [mainTableName] [mainTableParam] where
[mainWhere]
```

其中，mainTableKeys是要查询的主表中的字段列表，对应商品表中要查询的字段；subSQL是副表查询子语句，之后具体介绍；mainTableName是主表名；mainTableParam是主表数据的变量名，在副表查询语句中会用到；mainWhere是主表的查询语句。

副表查询子语句用来向其他的表查询数据，并且可以使用MySQL中的函数来将数据组装成预期的格式。上面示例查询语句的副表查询部分如下：

```
(select json_object('id', Category.id,'name', Category.name,'description',
Category.description,'sort', Category.sort,'created_at', Category.created_at)
from Category Category where Category.id=o.category_id) as category
```

副表查询语句可以有多个，使用逗号进行分隔。例如，后面在编写订单模块的逻辑时，订单数据就需要关联用户与商品进行多表查询。上述副表查询语句可以简化如下：

```
(select json_object(key, value, key...) from [TableName] TableParam where
[Where]) as [Prop]
```

其中，json_object是MySQL中提供的一个函数，它返回一个包含了由参数指定的所有键值对的JSON对象；[TableName]是要查询的副表名；TableParam是副表数据的变量名，通过变量名可以获取表中的属性，进行查询条件和JSON对象的构建；[Prop]设置由最终副表数据构成的JSON对象对应的结果数据中的属性名。

根据上面描述的SQL语法规则，我们新编写一个通用的联表查询方法，在database.ts文件中新增如下函数：

【代码片段6-3　源码见目录4~/ShopBackend/server/utils/database.ts】

```
// 联表查询方法
// mainTable：主表名
// mainTableKeys：主表要查询的字段
// othersKeys：二维数组，每个元素为对应副表要查询的字段
// otherTableName：要查询的副表名数组，与othersKeys顺序对应
// linkKeys：主表数据中对应的副表的键名数组
// linkValues：最终要组合进结果数据的属性名数组
let queryDataFrom = (mainTable:string,
    mainTableKeys:string[],
    othersKeys:string[][],
    otherTableName:string[],
    linkKeys: string[],
    linkValues:string[],
    where: string,
    callback: (data: any)=>void) => {
    // 构建主表查询的字段字符串
    let keyString = ""
    mainTableKeys.forEach((key)=>{
        keyString += key + ","
    })
    keyString = keyString.substring(0, keyString.length - 1)
    // 构建副表查询的字符串
    let otherKeyString = ""
    let index = 0
    // 遍历所有副表
    otherTableName.forEach((table)=>{
        let otherString = ""
        // 副表要查询的字段
        let otherKeys = othersKeys[index]
        // 副表主键对应在主表中的字段名
        let linkKey = linkKeys[index]
```

```
        // 副表查询出的数据对应在结果对象中的属性名
        let linkValue = linkValues[index]
        // 遍历副表要查询的字段，构建语句
        otherKeys.forEach((otherK)=>{
            if (otherString.length > 0) {
                otherString += ','
            }
            otherString += `'${otherK}', ${table}.${otherK}`
        })
        if (otherKeyString.length > 0) {
            otherKeyString += ','
        }
        otherKeyString += `(select json_object(${otherString}) from ${table}
${table} where ${table}.id=o.${linkKey}) as ${linkValue}`
        index++
    })
    // 完整SQL语句拼接
    let sql = `select ${keyString}, ${otherKeyString} from ${mainTable} o where
${where}`
    exec(sql).then(result => {
        callback(result)
    }).catch((error)=>{
        console.log('sqlError:', error);
        callback(null)
    })
}
```

上面代码的逻辑较复杂，在测试时，可以将最终构建的SQL语句打印出来，直接对最终SQL语句的语法格式进行校验。

此外，还需要提供一个删除商品的方法，删除数据的SQL语句如下：

【源码见目录4~/ShopBackend/server/utils/database.ts】

```
// 删除方法
let deleteData = (table: string, where: string) => {
    let sql = `delete from ${table} where ${where}`
    exec(sql).then()
}
```

下面，我们可以实现商品模块的业务接口了，在goods.service.ts文件中新增数据库交互方法，代码如下：

【代码片段6-4　源码见目录4~/ShopBackend/server/api/services/good.service.ts】

```
// 新增商品
addGoods(g: GoodsItem) {
    return new Promise((resolve, reject)=>{
        let keys = ['name', 'description', 'detail', 'category_id', 'price',
'discounted_price', 'stock', 'image', 'status', 'brand']
        let values = [g.name, g.description, g.detail, g.category_id, g.price,
g.discounted_price, g.stock, g.image, g.status, g.brand]
```

```
            database.insertData(goodsTableName, keys, values, (data)=>{
                if (!data) {
                    reject("创建商品失败")
                } else {
                    resolve(null)
                }
            })
        })
    }
    // 更新商品
    updateGoods(g: GoodsItem) {
        return new Promise((resolve, _reject)=>{
            database.updateData(goodsTableName, `name='${g.name}',
description='${g.description}', detail='${g.detail}',
category_id=${g.category_id}, stock=${g.stock}, image='${g.image}',
status=${g.status}, brand='${g.brand}', price=${g.price},
discounted_price=${g.discounted_price}`, `id = ${g.id}`)
            resolve(null)
        })
    }
    // 删除商品
    deleteGoods(id: number) {
        return new Promise((resolve, _reject)=>{
            database.deleteData(goodsTableName, `id = ${id}`)
            resolve(null)
        })
    }
    // 获取商品详情
    getGoodsDetail(id: number) {
        return new Promise((resolve, reject)=>{
            database.queryDataFrom(goodsTableName, ['*'], [['id', 'name',
'description', 'sort', 'created_at']], [categoryTableName], ['category_id'],
['category'], `id=${id}`, (data)=>{
                if (!data) {
                    reject("获取商品数据失败")
                } else {
                    let result = data.result
                    resolve(result)
                }
            })
        });
    }
    // 获取商品列表
    getGoodsList(cid: number | undefined = undefined, offset: number, limit: number)
{
        return new Promise((resolve, reject)=>{
            let keys = ['id', 'created_at', 'name', 'description', 'category_id',
'price', 'discounted_price', 'stock', 'image', 'status', 'brand']
            let where = ''
            if (cid) {
```

```
            where += `category_id=${cid}`
        } else {
            where += 'id IS NOT NULL'
        }
        where += ` limit ${limit} offset ${offset}`
        database.queryDataFrom(goodsTableName, keys, [['id', 'name',
'description', 'sort', 'created_at']], [categoryTableName], ['category_id'],
['category'], where, (data)=>{
            if (!data) {
                reject("获取商品数据失败")
            } else {
                let result = data.result
                resolve(result)
            }
        })
    });
}
```

其中，在获取商品列表的方法中，我们在where查询语句的末尾拼接了分页参数limit和offset，limit参数用于设置数据库每次查询的数据量，offset参数用于设置查询位置。还有一点需要注意，在获取商品列表数据时，我们并没有获取商品的detail数据，这是因为列表页展示的商品数据较多，为了减少不必要的字段，所以减少了网络请求的数据量。

另外，在更新和新增商品时，我们将参数设置为GoodsItem类型，此接口定义如下：

【源码见目录4~/ShopBackend/server/api/services/good.service.ts】

```
// 定义商品模型接口
export interface GoodsItem {
    id?: number;                    // 标识
    name: string;                   // 名称
    description: string;            // 描述
    created_at?: string;            // 创建时间
    detail: string;                 // 详情
    category_id: number;            // 类别
    price: number;                  // 价格
    discounted_price: number;       // 折扣价格
    stock: number;                  // 库存
    image: string;                  // 图片
    status: number;                 // 状态
    brand: string;                  // 品牌
}
```

至此，我们完成了商品模块后端服务中最复杂的部分。直接与前端交互的接口层非常简单，在商品模块的router中新增下面几个路由：

【源码见目录4~/ShopBackend/server/api/controllers/goods/router.ts】

```
post('/add', authorizeHandleAdmin, controller.goodsAdd)
post('/update', authorizeHandleAdmin, controller.goodsUpdate)
post('/delete', authorizeHandleAdmin, controller.goodsDelete)
get('/get', authorizeHandlerNormal, controller.goodsGet)
```

```
get('/list/get', authorizeHandlerNormal, controller.goodsListGet)
```

对应地在控制器中实现如下逻辑：

【代码片段6-5　源码见目录4~/ShopBackend/server/api/controllers/goods/router.ts】

```
// 新增商品
goodsAdd(req: Request, res: Response): void {
    let name = req.body.name
    let description = req.body.description
    let detail = req.body.detail
    let category_id = req.body.category.id
    let price = req.body.price
    let discounted_price = req.body.discounted_price
    let stock = req.body.stock
    let image = req.body.image
    let status = req.body.status
    let brand = req.body.brand
    goodsService.addGoods({ name, description, detail, category_id, price,
discounted_price, stock, image, status, brand }).then(()=>{
        res.status(200).json({ msg: 'ok' })
    }).catch((error)=>{
        res.status(200).json({ msg: 'error', error: error })
    })
}
// 更新商品
goodsUpdate(req: Request, res: Response): void {
    let id = req.body.id
    let name = req.body.name
    let description = req.body.description
    let detail = req.body.detail
    let category_id = req.body.category.id
    let price = req.body.price
    let discounted_price = req.body.discounted_price
    let stock = req.body.stock
    let image = req.body.image
    let status = req.body.status
    let brand = req.body.brand
    goodsService.updateGoods({ id, name, description, detail, category_id,
price, discounted_price, stock, image, status, brand }).then(()=>{
        res.status(200).json({ msg: 'ok' })
    }).catch((error)=>{
        res.status(200).json({ msg: 'error', error: error })
    })
}
// 删除商品
goodsDelete(req: Request, res: Response): void {
    let id = req.body.id
    goodsService.deleteGoods(id).then(()=>{
        res.status(200).json({ msg: 'ok' })
    }).catch((error)=>{
```

```
        res.status(200).json({ msg: 'error', error: error })
    })
}

// 获取商品详情接口
goodsGet(req: Request, res: Response): void {
    let id = Number(req.query.id as string)
    goodsService.getGoodsDetail(id).then((data)=>{
        res.status(200).json({ msg: 'ok',datas: data })
    }).catch((error)=>{
        res.status(200).json({ msg: 'error', error: error })
    })
}

// 查询商品列表
goodsListGet(req: Request, res: Response): void {
    let cid = undefined
    if (req.query.cid) {
        cid = Number(req.query.cid as string)
    }
    let offset = Number(req.query.offset as string)
    let limit = Number(req.query.limit as string)
    goodsService.getGoodsList(cid, offset, limit).then((data)=>{
        res.status(200).json({ msg: 'ok',datas: data })
    }).catch((error)=>{
        res.status(200).json({ msg: 'error', error: error })
    })
}
```

控制器层的核心逻辑是请求参数的解析与回执的组装。

运行后端工程，尝试在API文档中对商品的新增、修改、删除以及获取相关接口进行测试，还可以测试联表查询的实现效果，例如查询商品详情，接口返回的数据如图6-2所示。

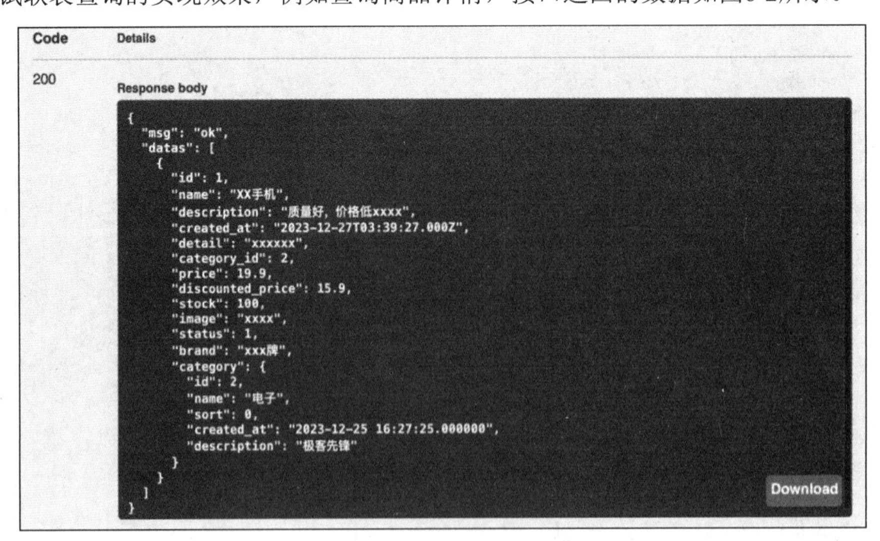

图 6-2 商品详情查询结果示例

6.2　实现后台管理端的商品管理模块

商品管理模块其实分为类别管理和商品管理两部分，创建商品时必须将它绑定到一个具体的类别上。对于后台管理系统来说，需要提供类别的创建与修改，以及商品的创建、修改和删除功能。本节我们将结合用户交互页面与接口来实现这些功能。

6.2.1　实现类别管理功能

首先向后台管理系统中添加商品管理模块，在ShopAdmin项目的components目录下新建3个组件文件，代码如下：

【源码见目录4~/ShopAdmin/src/components/CategoryComponent.vue】

```
<template>类别管理</template>
```

【源码见目录4~/ShopAdmin/src/components/GoodsEditComponent.vue】

```
<template>商品编辑</template>
```

【源码见目录4~/ShopAdmin/src/components/GoodsManagerComponent.vue】

```
<template>商品管理</template>
```

类别数据结构本身比较简单，我们会将类别的创建和管理放在同一个组件中实现。对应地在Router.ts文件中的“/home”路由下新增几个子路由：

【源码见目录4~/ShopAdmin/src/base/Router.ts】

```
// 定义一个路由对象，用于配置分类页面的路由信息
{
    path: 'category',                   // 路由路径为'category'
    component: CategoryComponent,       // 对应的组件为CategoryComponent
    name: "category"                    // 路由名称为'category'
},
// 定义一个路由对象，用于配置商品编辑页面的路由信息
{
    path: 'goodsEdit',                  // 路由路径为'goodsEdit'
    component: GoodsEditComponent,      // 对应的组件为GoodsEditComponent
    name: "goodsEdit"                   // 路由名称为'goodsEdit'
},
// 定义一个路由对象，用于配置商品管理页面的路由信息
{
    path: 'goodsManager',               // 路由路径为'goodsManager'
    component: GoodsManagerComponent,   // 对应的组件为GoodsManagerComponent
    name: "goodsManager"                // 路由名称为'goodsManager'
}
```

在HomePage组件的模板部分，在el-menu菜单组件下新增一个子菜单，代码如下：

【源码见目录4~/ShopAdmin/src/components/HomePage.vue】

```
<el-sub-menu index="2">
    <template #title>
    <el-icon><ShoppingBag /></el-icon>
    <span>商品管理</span>
    </template>
    <el-menu-item index="/home/category">类别管理</el-menu-item>
    <el-menu-item index="/home/goodsManager">商品管理</el-menu-item>
    <el-menu-item index="/home/goodsEdit">编辑商品</el-menu-item>
</el-sub-menu>
```

现在尝试运行此后台管理系统工程，可以看到侧边栏菜单中已经新增了商品管理模块，单击菜单项，对应的功能区组件也会对应切换，如图6-3所示。

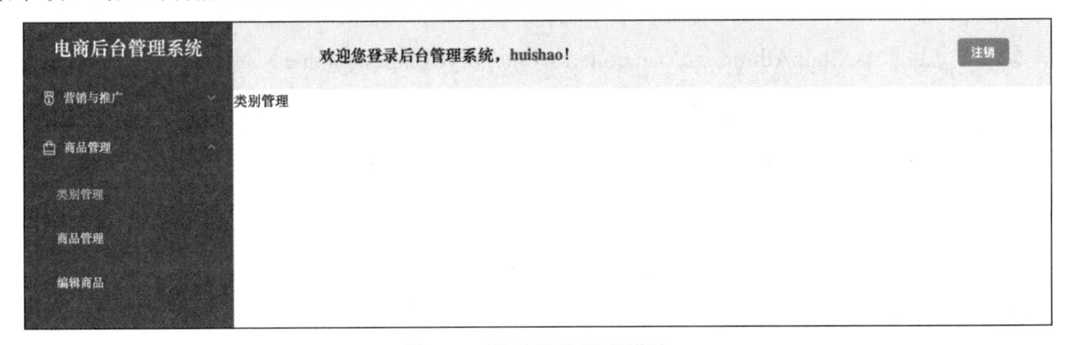

图 6-3　新增商品管理模块

类别管理页面需要通过表格来承载已有的类别数据，由于类别的数据结构比较简单，我们可以基于Element Plus中的对话框组件来构建一个编辑面板，负责对类别数据进行创建和更新。

在CategoryComponent组件的模板部分编写如下代码：

【代码片段6-6　源码见目录4~/ShopAdmin/src/components/CateforyComponent.vue】

```
<template>
    <!-- 内容区 -->
    <div class="contentContainer">
        <el-button type="primary" style="margin-bottom: 10px;"
@click="addCategory">新增</el-button>
        <el-table :data="tableData" style="width: 100%">
        <el-table-column prop="id" label="ID"  width="80"/>
        <el-table-column prop="name" label="类别名称" width="180" />
        <el-table-column prop="description" label="描述"
width="240"></el-table-column>
        <el-table-column prop="created_at" label="创建时间"
width="280"></el-table-column>
        <el-table-column prop="sort" label="排序权重"
width="180"></el-table-column>
        <el-table-column label="操作">
            <template #default="scope">
                <el-button type="primary" @click="updateCategory(scope.row)">
编辑</el-button>
```

```
          </template>
        </el-table-column>
        </el-table>
      </div>
      <!-- 编辑面板 -->
      <el-dialog
        v-model="dialogVisible"
        :title="mode == 0 ? '新建类别' : '修改类别'"
        width="30%">
        <div style="font-size: 18px; margin-bottom: 10px;" v-show="mode == 1">
          <span style="width: 45px; display:
inline-block;">id:</span><el-input style="width: 300px; margin-left: 10px;"
disabled v-model="currentSelectedCategory.id" />
        </div>
        <div style="font-size: 18px; margin-bottom: 10px;">
          <span style="width: 45px; display: inline-block;">名
称:</span><el-input style="width: 300px; margin-left: 10px;"
v-model="currentSelectedCategory.name" />
        </div>
        <div style="font-size: 18px; margin-bottom: 10px;">
          <span style="width: 45px; display: inline-block;">描
述:</span><el-input style="width: 300px; margin-left: 10px;"
v-model="currentSelectedCategory.description" />
        </div>
        <div style="font-size: 18px; margin-bottom: 10px;">
          <span style="width: 45px; display: inline-block;">排序:</span>
          <el-select v-model="currentSelectedCategory.sort"  style="width:
300px; margin-left: 10px;" placeholder="选择权重">
            <el-option v-for="it in
sortMenu" :label="it" :value="it" :index="it" />
          </el-select>
        </div>
        <template #footer>
        <span class="dialog-footer">
          <el-button @click="dialogVisible = false">取消</el-button>
          <el-button type="primary" @click="confirmAction">
          确认
          </el-button>
        </span>
        </template>
      </el-dialog>
    </template>
```

上面的模板代码定义了两部分内容：默认展示在页面中的是类别数据列表，使用el-table组件来定义；另一部分是一个对话框面板，默认此面板为隐藏状态，当用户要进行类别的创建或更新时，弹出此面板。面板的内容和功能由mode属性控制，当要新建类别时，面板中不显示id输入框，其他输入框数据默认为空；当要更新类别时，面板中默认填充要更新的类别信息。

实现CategoryComponent组件的script部分代码如下：

【代码片段6-7　源码见目录4~/ShopAdmin/src/components/CateforyComponent.vue】

```
<script setup lang="ts">
import { onMounted, ref } from 'vue';
import {RequestPath, startRequest, CategroyResponseData, CategoryItemData}
from '../base/RequestWork'
import { ElMessage } from 'element-plus';
// 列表绑定的类别数据
let tableData = ref()
// 控制编辑面板是否可见
let dialogVisible = ref(false)
// 当前编辑的类别数据
let currentSelectedCategory = ref()
// 所提供选择的排序权重
const sortMenu = ref([0, 1, 2, 3, 4, 5, 6, 7, 8, 9, 10])
// 当前类别编辑对话框的模式：0为新建，1为编辑
let mode = ref(0)
// 组件挂载时的生命周期函数，进行数据加载
onMounted(()=>{
   reloadData()
})
// 加载数据的方法
function reloadData() {
   // 请求所有类别数据
   startRequest(RequestPath.goodsCategoryGet, 'get', {}).then((response)=>{
      let data = response.data as CategroyResponseData
      tableData.value = data.datas ?? []
   }).catch((error)=>{
      ElMessage.error({
         message: error.response.data.error
      })
   })
}
// 新增类别
function addCategory() {
   mode.value = 0
   dialogVisible.value = true
   currentSelectedCategory.value = {}
}

// 更新类别信息
function updateCategory(ca: CategoryItemData) {
   mode.value = 1
   dialogVisible.value = true
   currentSelectedCategory.value = {...ca}
}
// 编辑面板上的确认按钮被单击时要执行的方法
function confirmAction() {
   if (!currentSelectedCategory.value.name
|| !currentSelectedCategory.value.description) {
```

```
        ElMessage.error({
            message: "请完善参数"
        })
        return
    }
    if (mode.value == 0) {
        // 新增
        startRequest(RequestPath.goodsCategoryAdd, "post",
currentSelectedCategory.value).then(()=>{
            dialogVisible.value = false
            // 刷新页面
            reloadData()
        }).catch((error)=>{
            ElMessage.error({
                message: error.response.data.error
            })
        })
    } else {
        // 更新
        startRequest(RequestPath.goodsCategoryUpdate, "post",
currentSelectedCategory.value).then(()=>{
            dialogVisible.value = false
            // 刷新页面
            reloadData()
        }).catch((error)=>{
            ElMessage.error({
                message: error.response.data.error
            })
        })
    }
}
</script>
```

script部分主要对模板要使用的数据和方法进行定义。

- tableData属性包装的数据为类别列表，用来渲染核心的类别表格，类别表格每一列显示的数据与类别模型的结构是对应的。
- dialogVisible 属性用来控制编辑面板的展示和隐藏，当用户进行类别创建和编辑时，只需要将此属性的值设置为true，即可将编辑面板展示出来。
- currentSelectedCategory 属性对应编辑面板中填充的类别数据，此属性也会在创建类别或更新类别时作为接口参数的来源。
- sortMenu是一个const类型的属性，我们规范类别的排序权重只选择0到10之间的数字。
- mode属性用来控制编辑面板的类型，设置为0则表示要新增类别，设置为1则表示要更新已有的类别。

script代码中的其他方法函数都比较简单，无非是对以上所介绍的属性的更新。运行代码，默认状态下的类别管理页面如图6-4所示，新增类别面板如图6-5所示，更新类别面板如图6-6所示。

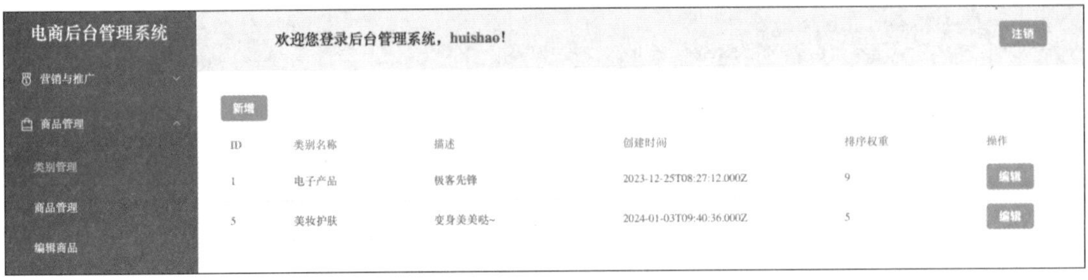

图 6-4　类别管理页面

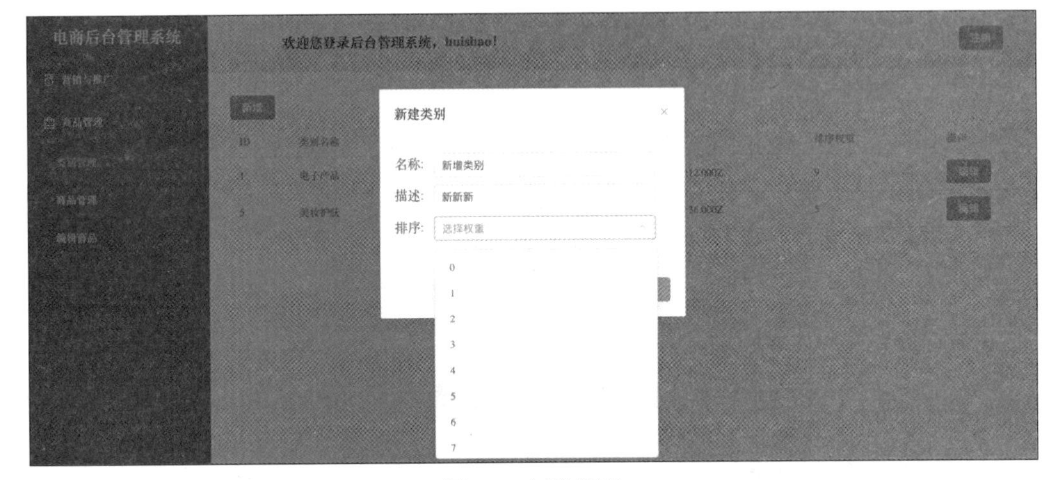

图 6-5　新增类别

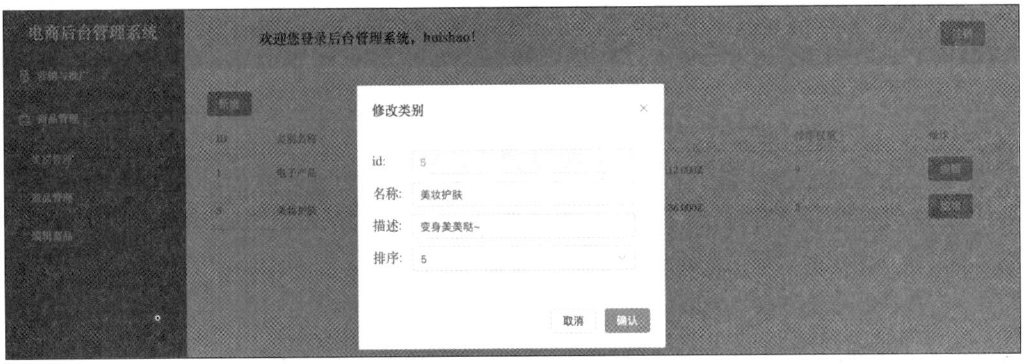

图 6-6　更新类别

在类别编辑面板创建类别或更新类别后，管理页面中对应的列表数据也会进行刷新。

现在，我们已经完成了后台管理系统的类别管理模块，解决了商品管理模块开发前的依赖部分，可以进入核心的商品管理模块的开发了。商品管理模块从本质上来讲与类别管理并无太大的区别，只是数据结构和编辑逻辑更加复杂而已。

6.2.2　实现商品编辑模块

商品编辑模块是电商后台管理系统中最复杂的部分。GoodsEditComponent组件需要实现商品的创建和更新功能。对于商品中的名称、品牌、描述、价格、折扣价格、库存和状态这类比较简单的属性，我们直接使用Elemenet Plus中提供的输入框和选择框来实现即可。橱窗图片需要结合上传图片功能来实现，需要使用Element Plus中的上传组件。商品的类别选择需要使用到类别信息，而承载这部分功能的选择框的数据需要从服务端获取。最复杂的是商品详情部分，这部分需要使用一个富文本编辑器来实现。在富文本编辑器中，管理员可以方便地使用各种格式的文本以及图片来定义商品详情信息。下面开始实现商品编辑模块。

首先，在ShopAdmin工程根目录下执行如下指令来安装依赖：

```
npm install @wangeditor/editor @wangeditor/editor-for-vue@next --save
```

注意，editor-for-vue模块并未对TypeScript进行适配，直接编译会产生异常，因此需要在工程的vite-env.d.ts文件中增加模块声明，代码如下：

【源码见目录4~/ShopAdmin/src/vite-env.d.ts】

```
declare module '@wangeditor/editor-for-vue';
```

依赖安装完成后，在GoodsEditComponent组件的script部分引入需要使用的模块，代码如下：

【源码见目录4~/ShopAdmin/src/components/GoodsEditComponent.vue】

```
// 引入要用的模块
// UI组件
import { ElMessage, UploadFile, UploadInstance, UploadRawFile } from
'element-plus';
// Vue框架中需要用到的
import { computed, getCurrentInstance, ComponentInternalInstance, ref,
onMounted, shallowRef, onBeforeUnmount } from 'vue';
// 网络接口相关
import { CategroyResponseData, RequestPath, startRequest } from
'../base/RequestWork';
// 富文本编辑器相关
import '@wangeditor/editor/dist/css/style.css';
import { Editor, Toolbar } from '@wangeditor/editor-for-vue';
import { IDomEditor } from '@wangeditor/editor'
// 路由模块
import { useRouter } from 'vue-router';
```

接下来，定义需要使用的属性和方法。属性部分定义如下：

【代码片段6-8　源码见目录4~/ShopAdmin/src/components/GoodsEditComponent.vue】

```
// 路由管理对象
let router = useRouter()
// 当前组件实例的代理对象
const { proxy } = getCurrentInstance() as ComponentInternalInstance
// 外部属性
// mode: 0表示新增，1表示编辑
// id: 新增商品时为undefined，编辑商品时为商品id
const props = defineProps(['mode', 'id'])
// 编辑的商品数据
```

```
let goods = ref({ name:"", description:"", brand:"", image:"",
   category:{ id:null }, detail:"", id: null, price:0,
   discounted_price:0, stock:0, status:0
})
// 所有类别数据，用来进行类别选择
let categoryList = ref()
// 编辑器实例
const editorRef = shallowRef();
// 过滤编辑器不需要的功能
const toolbarConfig = {
   excludeKeys: [
   'group-video',
   'fullScreen']
};
// 配置编辑器功能
const editorConfig = {
   placeholder: '请输入内容...',
   MENU_CONF:{
      uploadImage: {
         server: 'http://localhost:3000/api/v1/common/image/upload',
         fieldName: 'file',
         customInsert(res: any, insertFn: any) {
            insertFn(res.url, '', '')
         },
         maxFileSize: 10 * 1024 * 1024
      }
   }
};
```

在上述代码中：

- getCurrentInstance 是 Vue 框架提供的获取当前组件示例的方法，使用其中的 proxy 代理对象可以进行组件实例的操作。注意，在组合式 API 风格的代码中，在 script 中不能直接使用 this 关键字，只能通过 proxy 代理对象的方法来操作组件实例。
- defineProps 用来定义外部属性，在从页面切换到商品编辑模块时，外部需要传递 mode 字段来表示当前是要对商品进行编辑还是创建新的商品，如果是编辑商品，则需要把要编辑的商品 id 传递进来。
- goods 属性用来存储当前编辑的商品数据，如果是初始化，则将其中的属性都置空；如果是编辑商品，则在从服务端请求到完整的商品数据后再对此属性进行更新。
- categoryList 将存储从服务端获取的所有的类别数据。创建或编辑商品时，可以对商品的类别进行设置，此属性提供可选的类别数据。
- editorRef 属性用来存储富文本编辑器实例，后面会用到。
- toolbarConfig 属性用来配置富文本编辑器的工具栏，其中 excludeKeys 配置用于去掉不需要的功能，这里我们将去掉视频和编辑器的全屏功能。
- editorConfig 用来对编辑器本身进行配置，其中 placeholder 设置编辑器没内容时的提示文案；MENU_CONF 配置项中的 uploadImage 用来对富文本中插入图片的功能进行配置。向富文本中插入图片，也需要将图片上传到服务端，类似 Element Plus 中的 Upload 组件，配置上传地址和对应的文件表单名即可。maxFileSize 配置项设置上传允许的最大图片尺寸；customInsert 主要用来回显上传的图片，其第一个参数是上传接口返回的数据，将图片的 URL 通过 insertFn 参数回调给编辑器即可。

GoodsEditComponent组件script中的方法部分定义如下：

【代码片段6-9　源码见目录4~/ShopAdmin/src/components/GoodsEditComponent.vue】

```
// 编辑器创建完成的回调函数
const handleCreated = (editor:IDomEditor) => {
   editorRef.value = editor; // 记录editor实例
};
// 生命周期：组件销毁时，也及时销毁编辑器
onBeforeUnmount(() => {
   const editor = editorRef.value;
   if (editor == null) return;
   editor.destroy();
});
// 生命周期：组件挂载时进行数据加载
onMounted(()=>{
   // 请求类别数据
   loadCategoryData()
   // 请求商品数据
   loadGoodsData()
})
// 请求类别数据的方法
function loadCategoryData() {
   // 请求所有类别数据
   startRequest(RequestPath.goodsCategoryGet, 'get', {}).then((response)=>{
      let data = response.data as CategroyResponseData
      categoryList.value = data.datas ?? []
   }).catch((error)=>{
      ElMessage.error({ message: error.response.data.error })
   })
}
// 获取商品详情数据
function loadGoodsData() {
   // 是编辑模式再进行请求
   if ((props.mode ?? 0) == 1 && props.id) {
      // 请求商品数据
      startRequest(RequestPath.goodsGet, 'get', {id:
props.id}).then((response)=>{
         goods.value = response.data.datas[0];
         // 对上传图片组件的缩略图进行回显
         var blob =null;
         var xhr = new XMLHttpRequest();
         xhr.open("get", goods.value.image);
         xhr.setRequestHeader('Accept', 'image/png');
         xhr.responseType = "blob";
```

```
            xhr.onload = () => {
                blob = xhr.response;
                let imageFile = new File([blob], "", {type: 'image/png'}) as
UploadRawFile;
                imageFile.uid = 0;
                //el-upload组件的添加文件方法
                (proxy?.$refs.uploadComponet as
UploadInstance).handleStart(imageFile);
            };
            xhr.send();
        }).catch((error)=>{
            ElMessage.error({
                message: error.response.data.error
            })
        })
    }
}
// 计算属性，控制创建按钮的禁用状态
let disableCheak = computed(()=>{
    // 商品的数据都为空，再允许按钮可用
    return !(goods.value.image.length > 0 &&
    goods.value.name.length > 0 &&
    goods.value.brand.length > 0 &&
    goods.value.description.length > 0 &&
    goods.value.detail.length > 0 &&
    goods.value.category.id != null)
})
// 上传成功的回调方法
function uploadImageSuccess(data:any) {
    ElMessage.success({ message: '图片添加成功' })
    goods.value.image = data.url
}
// 上传失败的回调方法
function uploadImageError() {
    ElMessage.error({ message: '图片添加失败，请重试' })
}
// 删除上传的文件的回调方法
const uploadImageRemove = (file: UploadFile) => {
    goods.value.image = "";
    // 手动将Upload组件显示的缩略图删除
    (proxy?.$refs.uploadComponet as UploadInstance).handleRemove(file);
}
// "确认"按钮被单击时执行的方法
function confirmAction() {
    // 拼装参数
    let params:any = {...goods.value}
    let path = RequestPath.goodsUpdate
    if ((props.mode ?? 0) == 0) {
        // 如果是新建商品模式，则将参数中的id去掉
        delete params.id
```

```
        // 如果新建，将path修改为创建商品的URL
        path = RequestPath.goodsAdd
    }

    // 通过后端接口创建商品
    startRequest(path, 'post', params).then(()=>{
        ElMessage.success({ message: '操作成功' })
        // 跳转到商品管理模块
        router.replace({ name: 'goodsManager' })
    }).catch((error)=>{
        ElMessage.error({ message: error.response.data.error })
    })
}
```

上面示例代码中每个方法的作用都进行了注释，其中有一些需要注意的地方，下面将一一进行讲解。

- handleCreated 方法是需要配置给富文本组件的回调方法，当富文本组件被创建后，会通过此回调将组件实例对象传递过来，因此我们需要保存此实例。
- onBeforeUnmount 是 Vue 的生命周期方法，当组件将要被卸载时会调用该方法。为了保证富文本组件的功能正常，在组件将被卸载时我们也需要调用富文本组件实例的 destory 方法来销毁富文本组件。
- loadCategoryData 方法无须过多解释，它用来请求类别数据，请求到后更新对应属性。
- loadGoodsData 方法只在编辑模式下调用，当它请求到完整的商品数据后会更新 goods 属性。注意，请求到的商品数据包含了已经上传的橱窗图，我们需要将此图片回显到 Upload 上传组件中，代码中的 XMLHttpRequest 用来下载图片数据，使用如下代码进行 Upload 组件的图片回显：

```
(proxy?.$refs.uploadComponet as UploadInstance).handleStart(imageFile);
```

proxy是我们前面所定义的GoodsEditComponent组件实例，其$refs属性中会存储所有标记了ref属性的组件（在template模板中会设置）。handleStart是Element Plus中的Upload组件提供的方法，用来手动将一个图片数据设置给上传组件，上传组件将显示此图片缩略图。

- confirmAction 方法用来进行商品的创建或更新，具体操作由 mode 参数决定，操作成功后会自动跳转到商品管理模块。

另外，我们在GoodsEditComponent组件中使用了外部参数，因此在对应的路由定义中也需要对这些参数进行解析，修改商品编辑组件中的路由对象的代码如下：

【源码见目录4~/ShopAdmin/src/components/GoodsEditComponent.vue】

```
// 定义一个路由对象，用于配置商品编辑页面的路由信息
{
    path: 'goodsEdit/:mode?/:id?', // 路由路径，包含两个可选参数：mode和id
    component: GoodsEditComponent, // 对应的组件为GoodsEditComponent
    name: "goodsEdit", // 路由名称为goodsEdit
```

```
    props: true // 启用props传参功能
  }
```

最后，我们来实现负责渲染页面UI的模板和样式表部分，代码如下：

【代码片段6-10 源码见目录4~/ShopAdmin/src/components/GoodsEditComponent.vue】

```
<template>
    <div class="contentContainer">
        <!-- 橱窗图片上传模块 -->
        <div class="input">
            <div>橱窗图片：</div>
            <el-upload
                ref="uploadComponet"
                action="http://localhost:3000/api/v1/common/image/upload"
                method="post" name="file" list-type="picture" :limit="1"
                :on-success="uploadImageSuccess" :on-error="uploadImageError"
                style="margin-top: 20px;">
                <!-- 自定义缩略图和上传按钮的展示逻辑 -->
                <el-button type="primary" v-show="(goods.image ?? '').length ==
0">选择商品橱窗图</el-button>
                <template #file="file">
                    <img
class="el-upload-list__item-thumbnail" :src="goods.image ?? ''" />
                    <el-icon style="font-size: 20px; position: absolute; right:
30px;" @click="uploadImageRemove(file)"><Delete /></el-icon>
                </template>
            </el-upload>
        </div>
        <!-- 各种表单模块 -->
        <div class="input"  v-show="(props.mode ?? 0) == 1">
            <span>商品ID：</span>
            <el-input style="width: 200px;" v-model="goods.id" placeholder="
请输入内容" disabled />
        </div>
        <div class="input">
            <span>商品名称：</span>
            <el-input style="width: 200px;" v-model="goods.name" placeholder="
请输入内容"/>
        </div>
        <div class="input">
            <span>商品品牌：</span>
            <el-input style="width: 200px;" v-model="goods.brand" placeholder="
请输入内容"/>
        </div>
        <div class="input">
            <span>商品描述：</span>
            <el-input style="width: 600px;" v-model="goods.description"
placeholder="请输入内容"/>
        </div>
        <div class="input">
```

```
            <span>商品价格：</span>
            <el-input type="number" :min="0" style="width: 100px;"
v-model.number="goods.price"/>
        </div>
        <div class="input">
            <span>折扣价格：</span>
            <el-input type="number" :min="0" style="width: 100px;"
v-model.number="goods.discounted_price"/>
        </div>
        <div class="input">
            <span>库存数量：</span>
            <el-input type="number" :min="0" style="width: 100px;"
v-model.number="goods.stock"/>
        </div>
        <div class="input">
            <span>商品状态：</span>
            <el-select v-model="goods.status">
                <el-option :key="0" label="未上架" :value="0"/>
                <el-option :key="1" label="已上架" :value="1"/>
            </el-select>
        </div>
        <div class="input">
            <span>商品类别：</span>
            <el-select v-model="goods.category.id" placeholder="请选择商品类别">
                <el-option v-for="item in
categoryList" :key="item.id" :label="item.name" :value="item.id"/>
            </el-select>
        </div>
        <div class="input">
            <div>商品详情：</div>
            <!-- 富文本编辑器部分 -->
            <div style="margin: 30px; border: gainsboro 1px solid;">
                <Toolbar :editor="editorRef" :defaultConfig="toolbarConfig"
style="border-bottom: 1px solid #ccc;"/>
                <Editor :defaultConfig="editorConfig" v-model="goods.detail"
style="height: 400px; overflow-y: hidden" @onCreated="handleCreated"/>
            </div>
        </div>
        <!-- 确认按钮 -->
        <div class="input">
            <el-button type="primary" :disabled="disableCheak"
@click="confirmAction">{{ (props.mode ?? 0) == 0 ? "创建商品" : "保存更改
" }}</el-button>
        </div>
    </div>
</template>

<style scoped>
.input {
    margin-top: 40px;
```

```
}
</style>
```

在上述代码中，除了个别组件会根据当前编辑模式略微进行调整之外，表单类的其他组件直接和goods属性进行绑定即可。运行代码，商品编辑模块的效果如图6-7所示。

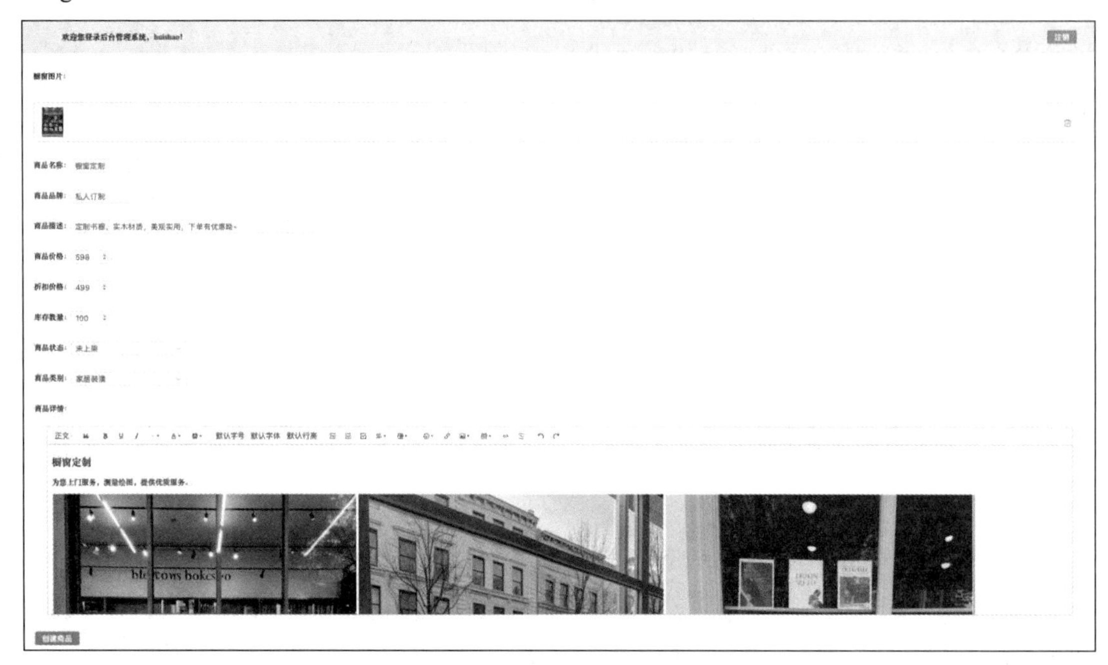

图 6-7　商品编辑模块示例

现在可以尝试通过电商后台管理系统来添加一些商品数据，在商品详情部分，可以使用各种格式的富文本来创建内容丰富且美观的商品介绍。

6.2.3　实现商品管理模块

商品管理模块将提供一个商品列表，用来展示已有商品的基础信息。商品列表和我们之前编写的列表的不同之处在于商品数据可能会很多，因此将采用分页的方式来加载数据。但总体来说，其实现起来并没有特难的点。

首先，在GoodsManagerComponent组件中编写如下模板代码：

【代码片段6-11　源码见目录4~/ShopAdmin/src/components/GoodsManagerComponent.vue】

```
<template>
        <div class="contentContainer">
        <!-- 列表渲染商品信息 -->
        <el-table :data="tableData" style="width: 100%">
        <el-table-column prop="id" label="ID"  width="80"/>
        <el-table-column label="橱窗图" width="120">
            <template #default="scope">
                <div style="width: 100px; height: 100px; overflow: hidden;">
                    <el-image style="width: 100%; height:
```

```
100%;" :src="scope.row.image" fit="fill" />
                </div>
            </template>
        </el-table-column>
        <el-table-column prop="name" label="商品名称" width="100" />
        <el-table-column prop="brand" label="商品品牌" width="100" />
        <el-table-column prop="description" label="商品描述"
width="240"></el-table-column>
        <el-table-column prop="created_at" label="创建时间"
width="200"></el-table-column>
        <el-table-column prop="category.name" label="类别"
width="80"></el-table-column>
        <el-table-column prop="price" label="价格/元"
width="80"></el-table-column>
        <el-table-column prop="discounted_price" label="折扣价/元"
width="100"></el-table-column>
        <el-table-column prop="stock" label="库存"
width="80"></el-table-column>
        <el-table-column label="状态" width="80">
            <template #default="scope">
                <el-tag :type="scope.row.status == 0 ? 'info' :
'success'">{{ scope.row.status == 0 ? '未上架' : '已上架' }}</el-tag>
            </template>
        </el-table-column>
        <el-table-column label="操作" width="180">
            <template #default="scope">
                <el-button type="primary" @click="updateGoods(scope.row)">编辑
</el-button>
                <el-button type="danger" @click="deleteGoods(scope.row)">删除
</el-button>
            </template>
        </el-table-column>
        </el-table>
        <!-- 用来加载下一页数据 -->
        <div v-show="hasMore" style="width: 100%; text-align: center;
margin-top: 15px; color: grey;" @click="loadData">点击加载更多</div>
    </div>
</template>
```

在上述代码中，使用el-table组件来渲染每条商品数据，其中使用了一些插槽来自定义列元素模板；在列表的最底部，我们定义了一个用来加载下一页数据的底栏，当服务端有未取完的商品数据时，单击此部分可以自动加载下一页数据。

在script部分，我们将实现与服务端的交互逻辑，同时对分页数和分页加载逻辑进行控制。在scrpt部分定义如下属性：

【源码见目录4~/ShopAdmin/src/components/GoodsManagerComponent.vue】

```
// 路由管理对象
let router = useRouter()
// 商品列表数据
```

```
let tableData = ref()
// 是否还有更多数据可以加载
let hasMore = ref(true)
// 分页偏移
let offset = 0
// 每页获取数据数量
const limit = 5
```

注意，其中offset和limit属性并未定义为响应式，这是由于这两个控制分页的属性并不需要在模板中使用。

在script部分实现的方法如下：

【代码片段6-12　源码见目录4~/ShopAdmin/src/components/GoodsManagerComponent.vue】

```
// 组件挂载时加载商品数据
onMounted(()=>{
    loadData()
})
// 从服务端获取商品数据
function loadData() {
    startRequest(RequestPath.goodsListGet, 'get', { offset,
limit }).then((response)=>{
        let data = response.data as GoodsResponseData
        let datas:GoodsItemData[] = tableData.value ?? []
        // 判断返回的数据量是否小于limit，若小于则表明没有更多数据了
        hasMore.value = (data.datas ?? []).length >= limit
        // 将返回的数据追加到数据源中
        datas.push(...(data.datas ?? []))
        tableData.value = datas
        // 对offset进行设置
        offset = datas.length
    }).catch((error)=>{
        ElMessage.error({ message: error.response.data.error })
    })
}
// 更新商品的方法
function updateGoods(goods: GoodsItemData) {
    // 跳转到编辑页面
    router.replace({ name: 'goodsEdit', params:{mode: 1, id: goods.id} })
}
// 删除商品的方法
function deleteGoods(goods: GoodsItemData) {
    // 删除操作属于敏感操作，进行二次确认
    ElMessageBox.confirm('确认删除么？', '提示',{
        confirmButtonText: '删除', cancelButtonText: '取消',
        callback: (action: Action) => {
            if (action == 'confirm') {
                startRequest(RequestPath.goodsDelete, 'post', {
                    id: goods.id
                }).then((_response)=>{
                    // 删除数据后，刷新页面，重置offset和tableData
```

```
                    offset = 0
                    tableData.value = []
                    loadData()
                }).catch((error)=>{
                    ElMessage.error({ message: error.response.data.error })
                })
            }
        }
    })
}
```

ElMessageBox组件是Element Plus中提供的确认弹窗组件，对于敏感类的操作，为了避免用户的误操作造成损失，一般会采用确认弹窗的方式来让用户进行二次确认。在本节服务端的商品删除实现逻辑中，如果发生了商品删除动作，则真的会将数据库中的对应商品数据删除。然而，在真实的生产环境中，我们一般不会真正地将数据库中的重要数据删除，而是通过表中的一个字段来表示当前数据是否被删除。

现在，尝试运行此后台管理工程，效果如图6-8所示。

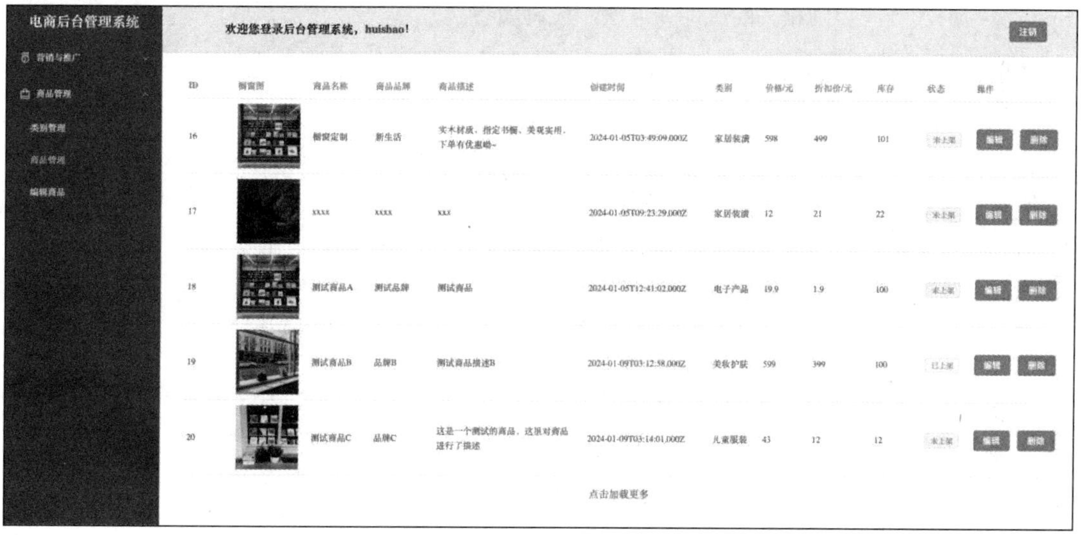

图 6-8　后台管理系统商品管理模块

整个商品模块的创建、编辑和删除等逻辑都已经闭环，接下来我们就可以对用户端的商品相关模块进行开发了。

6.3　实现用户端的商品模块

用户端的商品模块主要是指电商应用的首页商品列表以及商品详情页。首页的商品列表为用户提供了选购商品的入口，我们将以类别为维度对商品进行分类展示，用户可以只浏览感兴趣的商品类别。当用户单击列表中的某个商品后，会跳转到商品详情页，详情页将展示完整的商品信息，并提供加入购物车进行购买的功能入口；同时，商品详情页也将展示商品的用户评价，帮助用户从更多角度了解此商品。购物车、下单以及评价等部分的功能我们将在后续实现，本节的重点是开发首页商品列表与商品详情页。

6.3.1　实现用户端首页商品推荐模块

5.3节在用户端首页的顶部放置了一个运营位模块，运营位下面将分类别地展示推荐商品列表。通常，商品的推荐逻辑是由用户评价、销售量、推广权重等多维数据计算而来的，但本书并不涉及推荐算法相关的内容。因此，为了便于读者学习，这里直接根据商品id递增的顺序进行推荐。

用户端的商品模块需要用到3个接口，分别是获取所有类别的接口、获取商品列表的接口和获取指定商品详情的接口。将ShopAdmin项目中的接口定义相关代码同步到Shop项目中的RequestWork.ts文件中即可。

在获取具体的商品列表前，首先需要获取类别数据。类别数据的请求是前置请求，只有有了类别数据，我们才能通过类别id来获取某个类别下的推荐商品。在Shop项目的MainPage组件的script部分中增加一些类别相关的属性和方法，代码如下：

【源码见目录4~/Shop/src/components/MainPage.vue】

```
// 类别数据源
let categoryList = ref()
// 用户当前选中的类别index，默认选中第1个类别
let currentSelectedCategoryIndex = ref(0)
// 请求类别数据
function loadCategory(cb:()=>void) {
    startRequest(RequestPath.categoryListGet, 'get', {}).then((response)=>{
        let data = response.data as CategroyResponseData
        categoryList.value = data.datas ?? []
        // 请求完成后，执行回调函数
        cb()
    }).catch((error)=>{
        ElMessage.error({
            message: error.response.data.error
        })
    })
}
// 切换类别
function categoryClick(index: number) {
    currentSelectedCategoryIndex.value = index
    // 切换类别，刷新商品列表（后面实现）
}
```

在上述代码中，currentSelectedCategoryIndex属性用来标记当前用户选中的类别，用户切换类别后，对应的商品列表也需要同步刷新；loadCategory方法用来加载类别数据，当类别请求完成后，会执行参数传入的回调函数，在回调函数中再进行商品列表的请求；categoryClick方法用来切换选中的类别，它会被绑定在对应组件的用户单击事件上。

在MainPage组件的template模板部分，在轮播组件下新增如下代码：

【代码片段6-13　源码见目录4~/Shop/src/components/MainPage.vue】

```
<!-- 商品列表 -->
<div>
    <div style="width: 100%; text-align: center; height: 50px; line-height: 50px; font-size: 30px; color: darkblue;">~ 为您推荐 ~</div>
    <div class="header-bar">
        <div v-for="(ca, index) in categoryList" :class="currentSelectedCategoryIndex == index ? 'category-item-title-selected' : 'category-item-title-normal'" @click="categoryClick(index)">
            <div style="font-size: 30px; margin-bottom: 5px;">{{ ca.name }}</div>
            <div>{{ ca.description }}</div>
        </div>
    </div>
</div>
```

上面代码通过使用Vue的循环指令来渲染所有类别数据，其中类别组件在选中时与非选中时有着不同的样式表现，这通过动态绑定CSS类来实现。对应补充如下CSS样式表代码：

【源码见目录4~/Shop/src/components/MainPage.vue】

```
// 设置header-bar的样式
.header-bar {
    display: flex;                  // 使用弹性布局
    flex-direction: row;            // 水平方向排列
    width: 100%;                    // 宽度为100%
}

// 设置选中状态的分类项标题样式
.category-item-title-selected {
    color: red;                     // 文字颜色为红色
    width: 300px;                   // 宽度为300像素
    text-align: center;             // 文字居中对齐
}

// 设置未选中状态的分类项标题样式
.category-item-title-normal {
    color: black;                   // 文字颜色为黑色
    width: 300px;                   // 宽度为300像素
    text-align: center;             // 文字居中对齐
}
```

运行代码，效果如图6-9所示。

图 6-9　用户端首页类别栏

下面我们来定义具体渲染商品的组件，商品列表直接采用流式布局即可。在模板代码中的类别栏下新增如下代码：

【源码见目录4~/Shop/src/components/MainPage.vue】

```
    <div class="goods_list">
        <div v-for="item in goods" class="goods_item" @click="goDetail(item)">
            <div style="width: 200px; height: 150px; overflow: hidden; ">
                <el-image style="width: 100%; height: 100%;" :src="item.image"
fit="fill" />
            </div>
            <div style="width: 100%; height: 150px; background-color: #eeeeee;
position: relative;">
                <div style="padding: 5px;"><span
class="brend">{{ item.brand }}</span>{{ item.name }}</div>
                <div style="padding-left: 5px;padding-right: 5px; font-size: 13px;
color: gray;">{{ item.description }}</div>
                <div style="padding: 5px; font-size: 18px; color: red;">惊喜
价:{{ item.price }}¥ <span style="color: gray; font-size: 11px;">原
价:{{ item.discounted_price }}¥</span></div>
                <el-tag style="position: absolute; bottom: 10px;
left:10px" :type="item.status == 1 ? 'success' : 'error'">{{ item.status == 1 ?
'售卖中' : '已下架' }}</el-tag>
            </div>
        </div>
    </div>
    <div v-show="hasMore" style="width: 100%; text-align: center; margin-top:
15px; color: grey;"
@click="loadGoods(categoryList[currentSelectedCategoryIndex].id)">点击加载更多
</div>
```

每个具体的商品以卡片的方式承载，卡片上将展示基础的商品信息，如图片、名称、描述等。单击商品后，调用goDetail方法进行路由的跳转。对应补充如下CSS样式代码：

【源码见目录4~/Shop/src/components/MainPage.vue】

```
// 设置商品列表的样式
.goods_list {
    display: flex;                  // 使用弹性布局
    flex-direction: row;            // 水平方向排列
    flex-wrap: wrap;                // 超出容器宽度时换行
    margin-top: 10px;               // 上边距为10像素
}

// 设置商品项的样式
.goods_item {
    width: 200px;                   // 宽度为200像素
    height: 300px;                  // 高度为300像素
    margin: 10px;                   // 外边距为10像素
    border-radius: 15px;            // 边框圆角半径为15像素
    overflow: hidden;               // 超出部分隐藏
}

// 设置品牌标签的样式
.brend {
    background-color: red;          // 背景颜色为红色
    color: white;                   // 文字颜色为白色
    font-size: 12px;                // 字体大小为12像素
    padding: 2px;                   // 内边距为2像素
    border-radius: 4px;             // 边框圆角半径为4像素
    margin-right: 5px;              // 右边距为5像素
}
```

在script部分增加商品相关的属性，代码如下：

【源码见目录4~/Shop/src/components/MainPage.vue】

```
// 商品数据
let goods = ref()
// 分页参数
let offset = 0
const limit = 4
// 是否有更多数据
let hasMore = ref(true)
```

注意，在加载商品数据前要保证类别数据已经加载完成，然后在loadCategory的回调中加载商品数据：

【源码见目录4~/Shop/src/components/MainPage.vue】

```
// 类别请求
loadCategory(()=>{
    // 这里加载商品数据
    loadGoods(categoryList.value[currentSelectedCategoryIndex.value].id)
})
```

最后，对商品请求方法、详情页跳转方法等进行实现，代码如下：

【代码片段6-14　源码见目录4~/Shop/src/components/MainPage.vue】

```
// 请求商品列表数据
function loadGoods(cid: number) {
   startRequest(RequestPath.goodsListGet, 'get', {
      offset, limit, cid
   }).then((response)=>{
      let data = response.data as GoodsResponseData
      let datas:GoodsItemData[] = goods.value ?? []
      // 判断返回的数据量是否小于limit，若小于则表明没有更多数据了
      hasMore.value = (data.datas ?? []).length >= limit
      // 将返回的数据追加到数据源中
      datas.push(...(data.datas ?? []))
      goods.value = datas
      // 对offset进行设置
      offset = datas.length
   }).catch((error)=>{
      ElMessage.error({ message: error.response.data.error })
   })
}
// 单击某个运营位的方法，后续实现具体功能
function clickItem(item: OperationalItemData) {
   router.push({
      // 后台创建的URI格式类似于'goods/1'，进行完整路由拼接
      path: '/home' + item.uri
   })
}
// 切换类别
function categoryClick(index: number) {
   currentSelectedCategoryIndex.value = index
   // 切换类别，刷新商品列表
   offset = 0
   goods.value = []
   loadGoods(categoryList.value[index].id)
}
// 跳转到商品详情页
function goDetail(item: GoodsItemData) {
   router.push({
      name: 'goodsDetail',
      params: {id: item.id}
   })
}
```

为了方便测试跳转逻辑，我们可以先在Shop工程的componets文件夹下新建一个GoodsDetailPage.vue的空组件，在“/home”路由下补充如下子路由：

【源码见目录4~/Shop/src/base/Router.ts】

```
{
   path: 'goods/:id',
   component: GoodsDettailPage,
```

```
    name: 'goodsDetail',
    props: true
}
```

下一小节我们实现商品详情页。现在运行工程，电商用户端首页商品列表效果如图6-10所示。

图 6-10　首页商品列表示例

6.3.2　实现用户端的商品详情页

用户端的商品详情页将更详细地展示商品的信息，同时还会展示用户评价列表。评价部分后续会作为专门的模块进行介绍。前面在开发电商后台管理项目的商品编辑模块时，使用了富文本编辑器来创建商品详情，因此，要在用户端正常展示商品详情信息，需要引入一些全局的CSS样式。首先在Shop工程的style.css文件中增加如下全局样式：

【代码片段6-15　源码见目录4~/Shop/src/style.css】

```
.editor-content-view {
  padding: 0 10px;
  margin-top: 20px;
  overflow-x: auto;
}
.editor-content-view p,
.editor-content-view li {
  white-space: pre-wrap;
}
.editor-content-view blockquote {
  border-left: 8px solid #d0e5f2;
  padding: 10px 10px;
  margin: 10px 0;
  background-color: #f1f1f1;
}
.editor-content-view code {
```

```
  font-family: monospace;
  background-color: #eee;
  padding: 3px;
  border-radius: 3px;
}
.editor-content-view pre>code {
  display: block;
  padding: 10px;
}
.editor-content-view table {
  border-collapse: collapse;
}
.editor-content-view td,
.editor-content-view th {
  border: 1px solid #ccc;
  min-width: 50px;
  height: 20px;
}
.editor-content-view th {
  background-color: #f1f1f1;
}
.editor-content-view ul,
.editor-content-view ol {
  padding-left: 20px;
}
.editor-content-view input[type="checkbox"] {
  margin-right: 5px;
}
```

然后，在GoodsDetailPage组件中实现具体的商品详情页面。在页面布局上，商品详情页可以分为上下两部分：上部分用来展示商品的基本信息，如名称、价格、库存等，并提供购买入口；下部分用来展示商品的详细信息，这部分可以采用Element Plus框架中提供的Tab组件来实现。将商品详情和评价信息分别放在两个不同的标签下。

实现模板和样式表部分的代码如下：

【代码片段6-16　源码见目录4~/Shop/src/components/GoodsDetailPage.vue】

```
<template>
    <!-- 商品基本信息内容区 -->
    <div class="content">
        <div style="width: 300px; height: 300px; border: 4px red solid;">
            <el-image style="width: 100%; height: 100%;" :src="goods?.image"
fit="cover"/>
        </div>
        <div style="margin-left: 20px;">
            <div style="font-weight: 900; font-size: 30px;">
                {{ goods?.name }}
            </div>
            <div style="font-size: 15px;">
                {{ goods?.description }}
```

```
            </div>
            <div style="background-color: azure; width: 500px; height: 100px;
margin-top: 20px; padding:10px;">
                <div style="font-size: 35px; color: red;">惊喜折扣价:
{{ goods?.discounted_price }}¥ </div>
                <div style="font-size: 15px; margin-top: 10px;">原价:
{{ goods?.price }}¥ </div>
            </div>
            <div style="margin-top: 15px; color: #555555;">库存:
{{ goods?.stock }}件</div>
            <div style="margin-top: 10px;">
                <el-input-number :min="0" :max="goods?.stock ?? 0"
v-model="buyCount" />
                <el-button type="primary" style="margin-left:
20px;" :disabled="buyCount == 0" @click="addToCar">加入购物车</el-button>
            </div>
            <div style="font-size: 13px; margin-top: 10px; color: gray;">温馨
提示: 商品有任何质量问题无条件退换</div>
        </div>
    </div>
    <!-- 商品详情与评价内容区 -->
    <div>
        <el-tabs
            type="card"
            class="demo-tabs"
            style="margin-top: 40px;">
            <el-tab-pane label="商品详情">
                <div v-html="goods?.detail" class="editor-content-view"></div>
            </el-tab-pane>
            <el-tab-pane label="商品评价">评价组件</el-tab-pane>
        </el-tabs>
    </div>
</template>

<style scoped>
.content {
    display: flex;
    flex-direction: row;
    margin-top: 20px;
}
</style>
```

商品详情页的script部分非常简单，目前只需要处理商品的获取逻辑即可，后续章节再补充评价与购买相关逻辑。script部分的示例代码如下：

【代码片段6-17　源码见目录4~/Shop/src/components/GoodsDetailPage.vue】

```
<script setup lang="ts">
import { onMounted, ref } from 'vue';
import { RequestPath, startRequest } from '../base/RequestWork';
import { ElMessage } from 'element-plus';
```

```
    // 商品id
    const props = defineProps(['id'])
    // 商品详情数据
    let goods = ref()
    // 购买的商品件数
    let buyCount = ref(0)
    // 加载组件时获取商品数据
    onMounted(()=>{
        loadGoods()
    })
    function loadGoods() {
        startRequest(RequestPath.goodsGet, 'get', {id:
props.id}).then((response)=>{
            goods.value = response.data.datas[0];
        }).catch((error)=>{
            ElMessage.error({
                message: error.response.data.error
            })
        })
    }
    // 添加购物车的方法，暂时空实现
    function addToCar() {}
    </script>
```

现在，运行用户端工程的代码，从商品列表中选择商品进入详情页，效果如图6-11所示。

图 6-11　商品详情页示例

6.4　小结与上机练习

本章实现了整个电商项目中最复杂的商品模块，目前整个电商全栈项目已经略见雏形。读者也可以根据自己的需求对用户端页面的展示做调整和修改，让它的外表更美观，内容更丰富。在下一章中，我们将实现电商项目中的添加购物车、下单等相关功能，使得整个电商项目的功能完整闭环。

练习：请按照本章讲解上机练习实现商品模块的功能。

第7章

开发购物车与订单模块

购物车模块是电商用户端的核心模块之一，用户在浏览电商网站进行商品挑选时，可以将自己钟意的商品放入购物车中，待所有想买的商品都挑选好后，再一并下单购买。购物车的实现需要服务端的支持，用户购物车中的商品需要持久化存储在数据库中，并支持用户的编辑和删除操作。可以简单地理解为，我们将为每个电商用户在数据库中创建一条“购物车”数据记录，通过对此数据的维护来同步用户的购物车操作行为。

订单是一组商品集合的购买单据。在真实的电商应用中，下单会涉及支付操作，通常电商项目的支付模块会直接接入第三方的支付平台，例如支付宝商户平台、微信商户平台等。我们在实现本项目时，为了便于学习，直接默认下单即支付完成，只实现后续的订单状态流转功能，例如订单的发货操作、订单的确认完成等。对于订单模块，服务端需要向后台管理端和用户端提供接口支持：在后台管理端，管理员能够看到用户的订单信息并进行发货操作；在用户端，用户可以看到自己的订单信息以及进行确认等操作。

本章学习目标：

- 购物车与订单数据库表的定义。
- 购物车和订单后端服务接口的实现方法。
- 在后台管理系统中实现订单管理以及分类型筛选订单。
- 用户端购物车和订单逻辑的实现。

7.1 实现服务端的购物车与订单模块

电商项目中的购物车和订单相关功能离不开服务端的支持，并且这部分功能的核心逻辑大多也需要在服务端实现，如购物车关联到指定用户、订单状态关联的用户和商品集合以及订单状态的流转等。本节，我们将一步一步地实现购物车和订单模块的后端服务部分。

7.1.1　购物车表的定义与功能接口的实现

购物车部分，后端需要实现的接口与用户端的功能是对应的，大致有如下3个：

（1）用户添加商品到自己的购物车的接口。

（2）用户编辑自己购物车的接口，包括商品的购买数量调整、商品的删除。

（3）用户获取自己购物车数据的接口。

用户向自己的购物车中添加商品，其实是在与此购物车数据关联的商品集合中增加要添加商品的id，同时还需要记录此商品加入购物车中的数量。因此，购物车数据结构中要包含一个商品集合。在MySQL中，我们可以直接使用JSON字符串来存储商品id和购买量数据。另外，当用户获取购物车数据时，服务端需要将当前购物车中关联的商品都查出来并返回给用户端。购物车的数据结构本身比较简单，所需要的字段列举如表7-1所示。

表 7-1　购物车数据结构

字 段 名	类　　型	意　　义
id	整型	唯一标识
user_id	整型	此购物车数据关联到的用户
goods	字符串	JSON 字符串，描述购物车中的商品 id 和购买量

首先，在数据库中根据表7-1所描述的字段创建一张购物车表，SQL语句如下：

```
CREATE TABLE ShopCar (
  id INT PRIMARY KEY AUTO_INCREMENT,
  user_id INT NOT NULL,
  goods TEXT
);
```

在进行接口逻辑开发前，先在ShopBackend项目的api.yml中进行接口的定义。注意，接口最终返回的数据是直接提供给客户端使用的，因此其结构并不和数据库中表的定义完全一致，在客户端请求购物车数据时，我们需要在服务端将goods字段进行处理，将其组装成包含商品信息与购买量的对象列表。

- 定义/shop/get 接口来获取用户购物车数据，此接口的请求方法定义成 get 方法，无须额外参数，服务端可以直接从 Token 中解析出用户 id，之后从数据库中查询指定的购物车数据返回给客户端。
- 定义/shop/add 接口来向购物车中添加商品，此接口参数比较简单，也可以定义为 get 方法，参数包含要添加的商品 id 和添加的数量。
- 定义/shop/update 接口来更新购物车信息，此接口的请求方法定义为 post 方法，更新购物车信息实际上是对购物车中的商品和数量进行更新。

下面来实现上述3个接口，首先是向购物车添加商品的接口。在ShopBackend项目的services文件夹下新建一个名为shop.service.ts的文件，在其中实现与数据库交互的相关方法。模块导入及变量和模型的定义如下：

【源码见目录4~/ShopBackend/server/api/services/shop.services.ts】

```
// 模块导入
import database from '../../utils/database'
// 数据库中购物车表的表名
const shopTableName = 'ShopCar'

// 定义购物车中的商品模型接口
export interface ShopGoodsItem {
    gid: number;            // 商品id
    count: number;          // 商品数量
}
```

在向购物车中添加商品时，会有多种分支情况，如果数据库中尚未为当前用户创建购物车数据，则应该新建购物车对象，即向存储购物车数据的表中插入新的数据；如果数据库中已经有了当前用户的购物车数据，则需要对此数据进行更新，在更新时也需要判断用户所添加的商品是否已经在购物车中了，如果商品已经存在，则修改购买数量，如果商品不存在，则向商品列表中新增一条商品记录。具体的实现代码如下：

【代码片段7-1　源码见目录4~/ShopBackend/server/api/services/shop.services.ts】

```
// 购物车服务类
export class ShopService {
    // 添加商品到购物车
    addGoodsToShopCar(uid: number, g: ShopGoodsItem) {
        return new Promise((resolve)=>{
            // 查询数据库中是否已经有当前用户的购物车数据
            database.queryData(shopTableName, ["*"], `user_id=${uid}`,
(data)=>{
                if (data && data.result.length > 0) {
                    // data存在，表明已经有购物车对象，则进行修改
                    let goodsString = data.result[0].goods
                    // 解析出商品列表
                    let list = JSON.parse(goodsString) ?? []
                    // 查看商品是否已经在购物车里了
                    let haveGoods = false
                    list.forEach((element:ShopGoodsItem) => {
                        if (element.gid == g.gid) {
                            // 商品已经在购物车中，则修改购买量
                            haveGoods = true
                            element.count = element.count + g.count
                            return
                        }
                    });
                    // 商品不在购物车中，则新增商品
                    if (!haveGoods) {
                        list.push(g)
                    }
```

```
                    // 更新购物车数据
                    database.updateData(shopTableName,
`goods='${JSON.stringify(list)}'`, `user_id=${uid}`)
                    resolve(null)
                } else {
                    // 新建购物车对象
                    database.insertData(shopTableName, ["user_id", "goods"],
[uid, JSON.stringify([g])], ()=>{
                        resolve(null)
                    })
                }
            })
        })
    }
}
// 导出服务实例
export default new ShopService();
```

对应地，在controllers文件夹下新建一组关联到shop模块的控制器与路由文件，代码如下：

【源码见目录4~/ShopBackend/server/api/controller/shop/router.ts】

```
import express from 'express';
import controller from './controller';
import {authorizeHandlerNormal} from '../../middlewares/authorize';
export default express
  .Router()
  .get('/add', authorizeHandlerNormal, controller.add);
```

注意，在定义路径时，不要忘记使用鉴权中间件来解析请求头中的用户信息数据，以及将此路由注册到Express应用实例中。

controller类实现如下：

【源码见目录4~/ShopBackend/server/api/controller/shop/controller.ts】

```
import { Request, Response } from 'express';
import shopService from '../../services/shop.service'
export class Controller {
    // 添加商品到购物车
    add(req: Request, res: Response): void {
        // 解析请求参数
        let gid = Number(req.query.gid as string)
        let count = Number(req.query.count as string)
        let uid = (req.headers as any).user.id
        // 调用服务方法
        shopService.addGoodsToShopCar(uid, { gid, count }).then(()=>{
            res.status(200).json({ msg: 'ok' })
        }).catch((error)=>{
            res.status(200).json({ msg: 'error', error: error })
        })
    }
```

```
}
export default new Controller();
```

购物车的更新逻辑也比较简单，在购物车数据结构中，标识id和关联的用户id都是不可修改的，只需要更新关联的商品列表即可。在服务类中新增方法如下：

【源码见目录4~/ShopBackend/server/api/services/shop.services.ts】

```
// 更新购物车数据
updateShopCar(uid: number, goods:ShopGoodsItem[]) {
    return new Promise((resolve)=>{
        database.updateData(shopTableName,
`goods='${JSON.stringify(goods)}'`, `user_id=${uid}`)
        resolve(null)
    })
}
```

这里默认所更新的购物车数据是已经存在的，对应实现的控制器接口方法如下：

【源码见目录4~/ShopBackend/server/api/controller/shop/controller.ts】

```
// 更新购物车
update(req: Request, res: Response): void {
    // 解析参数
    let uid = (req.headers as any).user.id
    let shop_id = Number(req.body.id as string)
    let goodsList:ShopGoodsItem[] = []
    req.body.goods.forEach((element: any) => {
        goodsList.push({
            gid: element.item.id,
            count: element.count
        })
    });
    shopService.updateShopCar(uid, goodsList).then(()=>{
        res.status(200).json({ msg: 'ok' })
    }).catch((error)=>{
        res.status(200).json({ msg: 'error', error: error })
    })
}
```

购物车相关的逻辑接口中，最复杂的要属购物车数据的获取。在从数据库中获取到购物车数据后，我们需要手动将其关联的商品数据查出来，并拼接成客户端所需要的数据结构后再返回。简单起见，我们可以借助直接开发好的商品服务模块来查询商品数据。在ShopService类中实现一个查询购物车数据的方法，代码如下：

【代码片段7-2　源码见目录4~/ShopBackend/server/api/services/shop.services.ts】

```
// 获取购物车数据
getShopCar(uid: number) {
    return new Promise((resolve, reject)=>{
        database.queryData(shopTableName, ["*"], `user_id=${uid}`, (data)=>{
            if (data != null) {
```

```
            if (data.result.length > 0) {
                let shopCar = data.result.pop()
                // 拼接商品数据
                let resultItems:any[] = []
                let goodsItems = JSON.parse(shopCar.goods ?? "")
  if (goodsItems.length == 0) {
                    shopCar.goods = resultItems
                    resolve(shopCar)
                    return
                }
                // 记录查询次数
                let execTimes = 0
                goodsItems.forEach((element: ShopGoodsItem) => {

goodsService.getGoodsDetail(element.gid).then((goodsResult: any)=>{
                        resultItems.push({
                            count: element.count,
                            item: goodsResult[0]
                        })
                        execTimes += 1
                        // 所有数据查询完成后，统一返回
                        if (execTimes == goodsItems.length) {
                            shopCar.goods = resultItems
                            resolve(shopCar)
                        }
                    })
                });
            } else {
                // 没有任何数据，直接返回
                resolve(null)
            }
        } else {
            reject('获取购物车异常')
        }
    })
  })
}
```

ShopService类中已经处理了核心的数据查询和组装逻辑，因此控制器类中接口的实现可以非常简单，代码如下：

【源码见目录4~/ShopBackend/server/api/controller/shop/controller.ts】

```
// 获取购物车
get(req: Request, res: Response): void {
    let uid = (req.headers as any).user.id
    shopService.getShopCar(uid).then((result)=>{
        res.status(200).json({ msg: 'ok', data: result })
    }).catch((error)=>{
        res.status(200).json({ msg: 'error', error: error })
    })
```

```
}
```

运行此后端项目，在API文档中对这些接口进行测试，若接口功能正常，就可以将它们提供给前端使用。

7.1.2　订单表的定义与接口分析

与购物车功能类似，订单也需要关联到具体用户。当用户决定对购物车中的商品进行购买时，可以发起下单请求，服务端需要根据用户购物车当前的状态来创建订单，订单需要包含所购买的商品、订单的总额以及订单状态等信息。

当一个订单生成后，其状态是需要进行流转的、管理员对初始状态的订单进行发货操作，订单的状态会流转到“已发货”状态；当用户收到订单商品后，可以在用户端进行确认，此时订单会流转到“已收货”状态；最后用户可以对此次购物体验进行评价，评价完成后，订单将流转到“已完成”状态。本项目为了学习的便利，不为订单设计过多的状态流转。在实际应用中，订单的状态要丰富得多，例如用户可能会进行退货退款等操作，对应的订单也会有退货退款的流程状态。图7-1描述了本项目中所支持的订单流转状态。

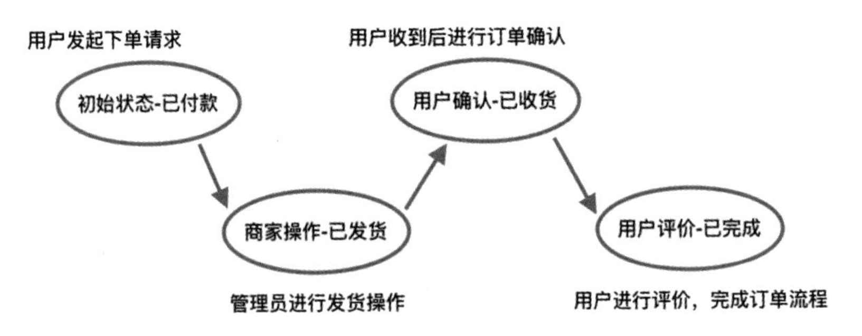

图 7-1　订单流转状态图

订单表定义的字段如表7-2所示。

表 7-2　订单表的字段构成

字 段 名	类　型	意　义
id	整型	唯一标识
user_id	整型	此订单关联到的用户
goods	字符串	JSON 字符串，描述订单中的商品 id 和购买量
address	字符串	订单的收货地址
price	浮点型	订单的支付价格
save_price	浮点型	订单的优惠价格
state	整型	订单状态，0 表示已支付，1 表示已发货，2 表示已收货，3 表示已完成
created_at	字符串	订单的创建时间

根据表7-2的描述，使用如下SQL语句在数据库中创建订单表：

```
CREATE TABLE Orders (
    id INT PRIMARY KEY AUTO_INCREMENT,
```

```
    user_id INT,
    goods TEXT,
    address TEXT,
    price FLOAT,
    save_price FLOAT,
    state INT,
    created_at TIMESTAMP DEFAULT CURRENT_TIMESTAMP
);
```

订单模块需要实现以下3个接口：

（1）创建订单的接口。
（2）获取订单列表的接口。
（3）更新订单状态的接口。

其中创建订单的接口由用户端调用。创建订单时，服务端需要计算用户当前购物车中的商品总价格等信息，来生成订单数据。注意，这里将逻辑简化为一旦订单创建成功，就表示用户已经购买商品，商品对应的库存信息也需要更新。订单部分的服务端逻辑相对较重，服务端的创建订单流程可以总结如下：

（1）用户发起订单创建请求，将收货地址作为参数传递到服务端。
（2）服务端查询用户购物车信息，将购物车内的商品总价和优惠价格进行计算。
（3）将购物车清空，并将其中商品的对应库存进行更新。
（4）使用计算好的订单金额信息以及商品信息、用户收货信息来创建订单数据。

获取订单列表的接口是用户端和后台管理端都需要使用的。当用户端进行调用时，需要请求的是当前用户的订单列表；当后台管理端进行调用时，需要请求的是所有用户的订单。此外，在用户端，需要提供类型筛选功能，方便用户只查看对应状态的订单数据；在后台管理端，不仅需要提供类型筛选功能，还需要提供按维度进行排序的能力，这样可以方便管理员对大量的订单数据进行查看和处理。另外，我们没有设计订单的删除逻辑，随着项目的使用，后端存储的订单数据可能会非常多，因此获取订单列表的接口也需要对分页进行支持。总结下来，获取订单列表的接口除了通用的Token之外，还需要包含以下参数：

- offset：分页位置。
- limit: 分页数量。
- type：列表类型，0 表示所有订单列表，1 表示当前用户订单列表。
- order：排序维度，支持用户维度、创建时间维度、价格维度、优惠价格维度、状态维度。
- filter：类型筛选。

更新订单的接口相对简单，只需要传入订单id和要更新为的状态值即可。注意，在实现此接口时，不同身份的用户其权限是不同的：管理员的权限较高，可以修改订单状态为已发货、已收货；电商用户的权限较低，只能修改订单状态为已收货。已完成状态则无须用户进行操作，当用户进行评价时，服务端来对应地更新此订单为已完成状态。

在ShopBackend项目的api.yml中定义上述3个接口，文档的定义只需要按照OpenAPI的语法规则来编写即可。由于代码较长，这里不再展示，读者可以在源码目录找到完整的源码示例。

7.1.3 实现订单模块后端接口

通过上一小节的分析，我们对订单部分的3个接口的功能有了清晰的了解，下面来具体实现它们。

创建订单需要依赖购物车当前的状态。注意，在向购物车中添加商品时，我们并没有对库存进行校验，但是在创建订单时，必须保证有足够的库存。在ShopBackend项目的services文件夹下新建一个名为order.service.ts的文件，其中实现订单相关的数据库操作逻辑。在此服务中，我们需要实现3个方法：向数据库中插入订单数据、更新订单数据与查询订单数据。其中查询订单数据的实现会略微复杂，除了需要实现各种条件和排序规则之外，还需要将订单中关联的商品数据进行展开，这一步可以使用之前商品模块服务类的相关接口。

首先在order.service.ts中引入所需的模块及定义数据库表名字段：

【源码见目录4~/ShopBackend/server/api/services/order.service.ts】

```
// 模块导入
import database from '../../utils/database'
import goodsService from './goods.service';
import shopService, {ShopGoodsItem} from './shop.service';
// 数据库中订单的表名
const orderTableName = 'Orders'
```

在创建订单时，需要对商品库存进行校验，如果库存不足，则需要提醒用户无法下单。定义OrdersService类，在其中编写如下函数：

【代码片段7-3 源码见目录4~/ShopBackend/server/api/services/order.service.ts】

```
// 创建订单
create(address: string, uid: number) {
    return new Promise((resolve, reject)=>{
        // 获取当前购物车数据
        shopService.getShopCar(uid).then((shopCar: any)=>{
            // 对是否可下单进行校验
            let canCreate = true
            // 如果购物车中商品为空，不能下单
            if (shopCar.goods.length == 0) {
                reject("购物车为空~")
                return
            }
            // 检查购物车中所有商品的库存情况，如果商品库存不足，则不允许下单
            shopCar.goods.forEach((goods: any) => {
                if (goods.item.stock < goods.count) {
                    canCreate = false
                }
            });
            // 校验不通过，则提醒用户库存不足
            if (!canCreate) {
                reject("有商品库存不足，请修改后下单~")
```

```
            } else {
                // 更新商品库存与计算订单价格
                let price = 0           // 订单实际总价
                let save_price = 0      // 订单优惠价
                let oriPrice = 0        // 订单原始总价
                // 订单商品列表
                let goodsJSON:ShopGoodsItem[] = []
                // 进行价格计算
                shopCar.goods.forEach((goods: any) => {
                    let item = goods.item
                    item.stock = item.stock - goods.count
                    item.category_id = item.category.id
                    goodsService.updateGoods(item)
                    goodsJSON.push({  gid: item.id,  count: goods.count })
                    price += item.discounted_price * goods.count
                    oriPrice += item.price * goods.count
                });
                save_price = oriPrice - price
                let goodsJSONString = JSON.stringify(goodsJSON)
                // 调用数据库接口创建订单
                database.insertData(orderTableName, ["user_id", "goods",
"address", "price", "save_price", "state"], [uid, goodsJSONString, address, price,
save_price, 0], (res)=>{
                    if (res == null) {
                        reject("订单创建失败")
                    } else {
                        // 创建成功后清空购物车
                        shopService.updateShopCar(uid, [])
                        resolve(null)
                    }
                })
            }
        }).catch(()=>{
            reject("订单创建失败")
        })
    })
}
```

上述代码的核心逻辑在于根据用户当前购物车的状态来生成订单，期间需要查询购物车中的商品信息，从而对价格、库存等信息进行计算。注意，当订单创建成功后，需要将用户的购物车清空。

订单只有状态需要流转，其他数据一旦生成则都不支持修改，因此更新订单的方法非常简单，示例代码如下：

【源码见目录4~/ShopBackend/server/api/services/order.service.ts】

```
// 更新订单状态
update(oid: number, state:number) {
    // 更新状态
    return new Promise((resolve)=>{
```

```
            database.updateData(orderTableName, `state=${state}`, `id=${oid}`)
            resolve(null)
        })
    }
```

虽然在服务层订单状态更新的方法非常简单，但在接口控制器层，我们还是需要对用户的权限进行校验，并非所有用户都能随意地对订单的所有状态进行更新。

获取订单列表的服务层接口也相对复杂，主要是在查询出一组订单数据后，对它进行两层遍历，从而将所有订单关联的商品信息进行展开，方便客户端直接使用这些数据来渲染页面。查询订单的示例代码如下：

【代码片段7-4　源码见目录4~/ShopBackend/server/api/services/order.service.ts】

```
    // 查询订单，其中不传uid参数则表示查询所有用户的订单
    query(offset: number, limit: number, uid?: number, order?: string, filter?: number) {
        return new Promise((resolve, reject)=>{
            // 拼接查询语句
            let where = ""
            // 存在用户id，则表示要查询某个具体用户的订单
            if (uid) { where += `user_id=${uid}`}
            // 拼接筛选条件
            if (filter || filter == 0) {
                if (where.length > 0) {
                    where += ` AND state=${filter}`
                } else {
                    where += `state=${filter}`
                }
            }
            if (where.length == 0) { where = `id IS NOT NULL` }
            // 拼接排序规则
            if (order) { where += ` ORDER BY ${order}` }
            // 拼接分页字段
            where += ` LIMIT ${limit} OFFSET ${offset}`
            // 查询订单数据
            database.queryData(orderTableName, ["*"], where, (data)=>{
                if (data) {
    if (data.result.length == 0) {
                        resolve(null)
                    }
                    // 记录当前遍历的订单个数
                    let orderCount = 0
                    data.result.forEach((order:any) => {
                        // 查询商品数据后拼入订单对象中
                        let resultItems:any[] = []
                        let goodsItems = JSON.parse(order.goods ?? "")
                        // 跳过商品列表为空的异常场景
                        if (goodsItems.length == 0) {
                            orderCount += 1
                            order.goods = []
```

```
                if (orderCount == data.result.length) {
                    resolve(data.result)
                }
                return
            }
            // 记录商品查询次数
            let execTimes = 0
            goodsItems.forEach((element: ShopGoodsItem) => {
                // 查询商品详情
                goodsService.getGoodsDetail(element.gid).
then((goodsResult: any)=>{
                    // 存储商品数据
                    resultItems.push({
                        count: element.count,
                        item: goodsResult[0]
                    })
                    execTimes += 1
                    if (execTimes == goodsItems.length) {
                        order.goods = resultItems
                        orderCount += 1
                        // 当所有订单都遍历完后，返回数据
                        if (orderCount == data.result.length) {
                            resolve(data.result)
                        }
                    }
                })
            });
        });
    } else {
        reject('获取失败，请稍后重试')
    }
  })
 })
}
```

示例代码中主要处理了两部分逻辑：构建SQL查询语句与展开商品数据。其中，在构建SQL查询语句时，根据参数的情况来进行拼接即可；展开商品数据所采用的逻辑与前面购物车中的展开商品数据类似，只是之前购物车中展开的是单个对象的商品数据，这里展开的是一组对象的商品数据。

完成了订单部分Service类的编写，订单模块的服务端开发就基本完成了。在controllers文件夹下新建一组路由和控制器文件，订单模块的路由按照之前的接口定义来实现即可，代码如下：

【源码见目录4~/ShopBackend/server/api/controllers/order/router.ts】

```
import express from 'express';
import controller from './controller';
import {authorizeHandlerNormal} from '../../middlewares/authorize';
// 定义订单模块接口路由
export default express
  .Router()
```

```
  .post('/create', authorizeHandlerNormal, controller.create)
  .get('/list/get', authorizeHandlerNormal, controller.get)
  .get('/update', authorizeHandlerNormal, controller.update);
```

对应地在控制器类中实现接口方法，示例代码如下：

【代码片段7-5　源码见目录4~/ShopBackend/server/api/controllers/order/controller.ts】

```
export class Controller {
   // 创建订单
   create(req: Request, res: Response): void {
      // 解析出参数和用户id
      let address = req.body.address
      let uid = (req.headers as any).user.id
      orderService.create(address, uid).then(()=>{
         res.status(200).json({ msg: 'ok' })
      }).catch((error)=>{
         res.status(200).json({ msg: 'error', error: error })
      })
   }
   // 获取订单列表
   get(req: Request, res: Response): void {
      // 解析参数
      let role = (req.headers as any).user.role
      let type = Number(req.query.type as string)
      // 不允许非管理员获取所有订单数据
      if (type == 0 && role != 'admin') {
         res.status(200).json({ msg: 'error', error: '无操作权限' })
         return
      }
      let uid = undefined // 用户id
      if (type == 1) {
         uid = (req.headers as any).user.id
      }
      let offset = Number(req.query.offset as string)      // 分页位置
      let limit = Number(req.query.limit as string)        // 分页条数
      let order = req.query.order as string                // 排序规则
      let filter:number | undefined = Number(req.query.filter as string) //
筛选
      if (Number.isNaN(filter)) {
         filter = undefined
      }
      orderService.query(offset, limit, uid, order, filter).then((data)=>{
         res.status(200).json({ msg: 'ok', datas: data })
      }).catch((error)=>{
         res.status(200).json({ msg: 'error', error: error })
      })
   }
   // 更新订单状态
   update(req: Request, res: Response): void {
      let state = Number(req.query.state as string)        // 目标状态
```

```
        let oid = Number(req.query.oid as string)          // 订单id
        if (!state || !oid) {
            res.status(200).json({ msg: 'error', error: '数据异常' })
            return
        }
        let role = (req.headers as any).user.role
        // 已完成状态只允许服务端进行更新
        if (state >= 3) {
            res.status(200).json({ msg: 'error', error: '无操作权限' })
            return
        // 已发货状态只允许管理员用户进行操作
        } else if (state == 1 && role != 'admin') {
            res.status(200).json({ msg: 'error', error: '无操作权限' })
            return
        } else {
            orderService.update(oid, state).then(()=>{
                res.status(200).json({ msg: 'ok' })
            }).catch((error)=>{
                res.status(200).json({ msg: 'error', error: error })
            })
        }
    }
}
```

在此Controller类中，我们主要对客户端调用接口时传递的参数进行了解析，其中订单的状态更新操作需要根据用户权限来决定是否允许执行。最后，不要忘了将订单模块的路由注册到Express应用实例中。

7.2　实现用户端的购物车与订单模块

本节将实现用户端的购物车和订单相关功能。除了在商品详情页将商品添加到购物车之外，我们也会在用户端的电商应用中增加一个全局的购物车入口，方便用户随时查看自己的购物车中的商品情况。

用户端订单模块的主要功能是对当前用户的订单信息进行展示。我们将以全局状态栏中的用户头像作为订单模块的入口，单击头像就可以直接进入订单页面。

7.2.1　实现购物车功能

我们将在用户的购物车页面展示当前购物车中的商品信息，并支持用户进行商品购买数量的修改。首先，在用户端的Shop工程的components目录下新建一个名为ShopCar的组件，对应地在Router.ts中进行此组件的路由注册，路由定义如下：

【源码见目录4~/Shop/scr/base/Router.ts】

```
{
```

```
    path: 'shop',
    component: ShopCar,
    name: 'shopCar'
}
```

注意，此路由也需要定义在“/home”路由下作为子路由使用。

然后在RequestWork.ts文件中增加购物车模块相关的接口定义，模型部分定义如下：

【源码见目录4~/Shop/scr/base/RequestWork.ts】

```
// 购物车中的商品信息模型
export interface ShopCarGoodsData {
    count: number,
    item: GoodsItemData
}
// 购物车模型
export interface ShopCarData {
    id: number,
    user_id: number,
    goods?: ShopCarGoodsData[]
}
// 购物车接口返回的数据结构模型
export interface ShopCarResponseData {
    msg: 'error' | 'ok',
    error?: string,
    data?: ShopCarData
}
```

在RequestPath枚举中也需要对应增加购物车相关的接口路径定义：

【源码见目录4~/Shop/scr/base/RequestWork.ts】

```
shopGet = '/shop/get',
shopAdd = '/shop/add',
shopUpdate = '/shop/update'
```

接下来就可以具体实现ShopCar组件的逻辑了。商品列表直接使用Element Plus框架中的el-table组件，此组件在前面编写后台管理系统时使用较多，只需将购物车中的商品数据渲染成对应的表格即可。ShopCar组件的模板和样式表部分示例代码如下：

【代码片段7-6　源码见目录4~/Shop/scr/components/ShopCar.vue】

```
<template>
    <!-- 头部商品件数信息 -->
    <div class="title">全部商品 共{{ tableData.length }}件</div>
    <!-- 商品列表部分 -->
    <div>
        <el-table :data="tableData" style="width: 100%">
            <el-table-column label="橱窗图" width="120">
                <template #default="scope">
                    <div style="width: 100px; height: 100px; overflow: hidden;">
                        <el-image style="width: 100%; height:
```

```
100%;" :src="scope.row.item.image" fit="fill" />
                </div>
              </template>
            </el-table-column>
            <el-table-column prop="item.name" label="商品名称" width="100" />
            <el-table-column prop="item.brand" label="商品品牌" width="100" />
            <el-table-column prop="item.description" label="商品描述"
width="340"></el-table-column>
            <el-table-column prop="item.category.name" label="类别"
width="80"></el-table-column>
            <el-table-column prop="item.price" label="价格/元"
width="80"></el-table-column>
            <el-table-column prop="item.discounted_price" label="折扣价/元"
width="100"></el-table-column>
            <el-table-column label="购买数量"  width="180">
              <template #default="scope">
                <el-input-number :min="1" :max="scope.row.item.stock ?? 0"
v-model="scope.row.count" @change="updateShopCar"/>
              </template>
            </el-table-column>
    <el-table-column label="操作"  width="180">
              <template #default="scope">
                <el-button type="danger"
@click="deleteGoods(scope.$index)">删除</el-button>
              </template>
            </el-table-column>
          </el-table>
      </div>
      <!-- 下单按钮 -->
      <div style="margin-top: 30px; float: right;" @click="createOrder">
        <el-button type="primary">立即下单</el-button>
      </div>
    </template>

    <style scoped>
    .title {
      margin-top: 40px;
      margin-left: 20px;
      color: red;
    }
    </style>
```

在上述代码中，el-table部分的逻辑比较简单，对于购买数量一栏，我们直接使用el-input-number来展示当前设置的数值，并支持进行数值的调整。当用户调整了某个商品的购买数量时，会回调updateShopCar方法，我们在这个方法中调用服务端接口进行购物车的升级。

ShopCar组件的script部分也非常简单，只需要处理购物车数据的请求以及更新，示例代码如下：

【代码片段7-7　源码见目录4~/Shop/scr/components/ShopCar.vue】

```
<script setup lang="ts">
```

```
import { onMounted, ref } from 'vue';
import { RequestPath, startRequest } from '../base/RequestWork';
import { ElMessage } from 'element-plus';
// 商品列表数据
let tableData = ref([])
// 组件加载时请求购物车数据
onMounted(()=>{
    startRequest(RequestPath.shopGet, 'get', {}).then((response)=>{
        // 对属性进行赋值
        tableData.value = response.data.data.goods;
    }).catch((error)=>{
        ElMessage.error({ message: error.response.data.error })
    })
})
// 删除商品
function deleteGoods(idx: number) {
    tableData.value.splice(idx, 1)
    updateShopCar()
}
// 更新购物车数据
function updateShopCar() {
    startRequest(RequestPath.shopUpdate, 'post', {
        carId: carId,
        goods: tableData.value
    })
}
// 下单操作后续实现
function createOrder() {}
</script>
```

下面我们需要在电商用户端项目的首页框架中增加一个购物车入口，此入口需要设置为全局入口，方便用户在任何页面都可以直接进入购物车页面。在HomePage组件template模板的末尾增加如下组件代码：

【源码见目录4~/Shop/scr/components/HomePage.vue】

```
<div style="position: fixed; right: 60px; bottom: 60px; width: 50px; height: 50px; background-color: red; border-radius: 25px;" @click="goShopCar">
    <el-icon :size="30" style="color: white; width: 100%; height: 100%;"><ShoppingCart /></el-icon>
</div>
```

上面代码定义了一个fixed定位模式的组件，其中会展示购物车样式图标。采用fixed定位的组件会以窗口边界为定位标准，从表现上看其悬浮在页面的右下角。对应地实现goShopCar方法，代码如下：

【源码见目录4~/Shop/scr/components/HomePage.vue】

```
// 跳转到购物车的方法
function goShopCar() {
    router.push({
```

```
        name: 'shopCar'
    })
}
```

最后，购物车模块的功能要实现闭环，还需要实现之前在商品详情页预留的将商品加入购物车的功能。实现GoodsDetailPage组件中的addToCar方法，代码如下：

【源码见目录4~/Shop/scr/components/GoodsDetailPage.vue】

```
// 添加购物车的方法，暂时空实现
function addToCar() {
    let gid = goods.value.id
    let count = buyCount.value
    if (gid && count > 0) {
        startRequest(RequestPath.shopAdd, 'get', {gid, count}).then(()=>{
            // 添加购物车成功
            ElMessage.success({
                message: "添加购物车成功"
            })
        }).catch((error)=>{
            ElMessage.error({
                message: error.response.data.error
            })
        })
    }
}
```

运行代码，尝试将一些商品添加到购物车中，购物车页面效果如图7-2所示。

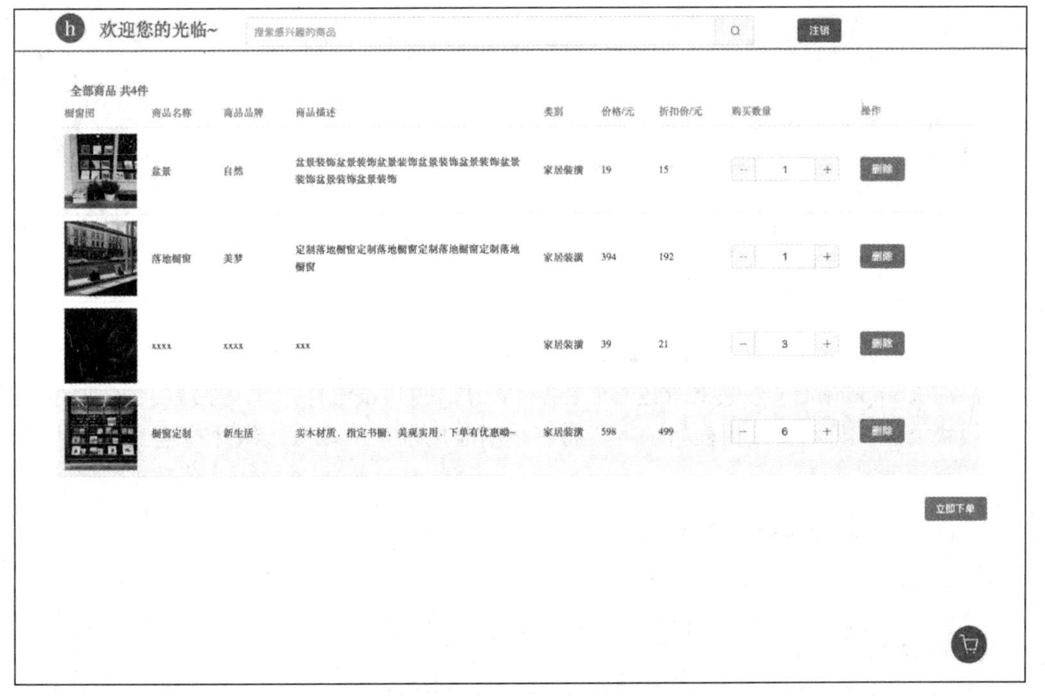

图 7-2　用户端的购物车页面示例

7.2.2 实现订单模块

在用户端的订单模块，我们主要需要实现的功能包括：对购物车中的商品进行下单，查看用户订单以及对订单进行操作。操作主要指对订单进行收货确认和评价。评价模块的功能我们会在后续章节实现。

首先，在用户端工程的RequestWork中定义订单相关的接口路径和模型。新增接口路径：

【源码见目录4~/Shop/scr/base/RequestWork.ts】

```
orderCreate = '/order/create',
orderListGet = '/order/list/get',
orderUpdate = '/order/update'
```

新增模型定义：

【源码见目录4~/Shop/scr/base/RequestWork.ts】

```
// 订单模型
export interface OrderData {
    id: number,
    user_id: number,
    goods?: ShopCarGoodsData[],
    address: string,
    price: number,
    save_price:number,
    state: 0 | 1 | 2 | 3,
    created_at: string
}
// 订单接口返回的数据结构模型
export interface OrderResponseData {
    msg: 'error' | 'ok',
    error?: string,
    datas?: OrderData[]
}
```

在进行订单模型定义时，与服务端的接口文档保持一致即可。

然后，在components文件夹下新建一个名为OrderPage的Vue组件，订单模块的页面展示模式与购物车模块类似，只需要使用表格的方式将订单信息展示出来即可。组件模板部分代码示例如下：

【代码片段7-8　源码见目录4~/Shop/scr/components/OrderPage.vue】

```
<template>
    <div style="margin-top: 40px;margin-left: 20px; color: red;">我的订单</div>
    <!- 筛选组件 -->
    <el-select v-model.number="filter" placeholder="筛选订单类型" size="large"
        style="width: 100px;margin: 20px; " @change="reLoadData">
```

```
            <el-option v-for="item in options" :key="item.value" :label=
"item.title" :value="item.value"/>
        </el-select>
        <!-- 订单列表 -->
        <div>
            <el-table :data="tableData" style="width: 100%">
                <el-table-column prop="id" label="订单编号" width="80" />
                <el-table-column label="操作"  width="280">
                    <template #default="scope">
                        <div v-for="(item, idx) in scope.row.goods" style="margin:
10px;">
                            <div>{{idx+1}}: {{ item.item.name }}  {{ item.count }}件
</div>
                            <el-image style="width: 50px; height: 50px; margin:
5px;" :src="item.item.image" fit="fill" />
                            <div>单价: {{ item.item.discounted_price }}￥</div>
                        </div>
                    </template>
                </el-table-column>
                <el-table-column prop="price" label="订单总价/￥" width="100" />
                <el-table-column prop="save_price" label="节省金额/￥" width="100"
/>
                <el-table-column prop="created_at" label="下单时间" width="200" />
                <el-table-column prop="address" label="收货地址" width="200" />
                <el-table-column label="操作"  width="180">
                    <template #default="scope">
                        <el-button :type="stateMap[scope.row.state].type"
@click="clickOrder(scope.$index)">{{ stateMap[scope.row.state].title }}</el-bu
tton>
                    </template>
                </el-table-column>
            </el-table>
        </div>
        <!-- 加载更多 -->
        <div v-show="hasMore" style="width: 100%; text-align: center; margin-top:
15px; color: grey;" @click="loadData">点击加载更多</div>
    </template>
```

在模板代码中，通过el-select组件的选中项可以对订单的状态进行筛选。模板中用的一些属性和方法在Script部分定义，代码如下：

【代码片段7-9　源码见目录4~/Shop/scr/components/OrderPage.vue】

```
<script setup lang="ts">
import { onMounted, ref } from 'vue';
import { OrderData, RequestPath, startRequest } from '../base/RequestWork';
import { ElMessage } from 'element-plus';
// 订单列表数据
```

```
let tableData = ref([])
// 是否有更多数据
let hasMore = ref(true)
// 订单筛选条件
let filter = ref(-1)
// 分页数据
let limit = 4
// 存储订单状态与按钮类型
let stateMap = [
{ title: "已付款", type: "info" },
{ title: "已发货，确认收货",  type: "primary"},
{title: "已收货，前往评价",type: "success" },
{title: "已完成", type: "info"}
]
// 存储筛选项
let options = [
{title: "全部",value: -1 },
{ title: "已付款",value: 0 },
{title: "已发货", value: 1},
{title: "已收货", value: 2 },
{title: "已完成",value: 3 }
]
// 组件挂载时加载数据
onMounted(()=>{
   reLoadData()
})
// 刷新数据
function reLoadData() {
   tableData.value = []
   loadData()
}
// 加载数据
function loadData() {
   let params:any = {
      limit,
      offset: tableData.value.length,
      type: 1
   }
   if (filter.value >= 0) {
      params.filter = filter.value
   }
   startRequest(RequestPath.orderListGet, 'get', params).then((response)=>{
      hasMore.value = (response.data.datas ?? []).length >= limit
      // 对属性进行赋值
      tableData.value.push(...(response.data.datas as []));
   }).catch((error)=>{
      ElMessage.error({message: error.response.data.error})
   })
}
// 对订单进行操作
```

```
function clickOrder(index: number) {
    let order = tableData.value[index] as OrderData
    if (order.state == 1) {
        // 确认收货操作
        startRequest(RequestPath.orderUpdate, 'get', {
            oid: order.id, state: 2
        }).then(()=>{
            order.state = 2
        }).catch((error)=>{
            ElMessage.error({  message: error.response.data.error })
        })
    } else if (order.state == 2) {
        // 去评价，后续实现
    }
}
</script>
```

在上述代码中，stateMap和options属性都是静态的，用来定义两种映射，将订单的状态与操作按钮的状态和筛选项进行关联。

最后，还需要实现下单逻辑，在上一小节编写用户端的购物车模块时，我们预留了一个未实现的下单方法。当用户在购物车中单击下单按钮时，需要弹出一个自定义的对话框让用户确认，同时需要用户输入收货地址，在ShopCar组件template标签的末尾增加一个自定义的对话框组件，代码如下：

【源码见目录4~/Shop/scr/components/ShopCar.vue】

```
<el-dialog v-model="dialogVisible" title="立即下单">
    收货地址：
    <el-input v-model="address"/>
    <template #footer>
    <span class="dialog-footer">
        <el-button @click="dialogVisible = false">取消</el-button>
        <el-button type="primary" @click="confirmOrder">
        下单
        </el-button>
    </span>
    </template>
</el-dialog>
```

此对话框组件将通过dialogVisible属性来控制其显示和隐藏状态。用户单击下单按钮后，先设置dialogVisible属性的值为true来展示对话框，然后当用户输入收货地址确认下单后，执行confirmOrder方法，此方法实现如下：

【代码片段7-10　源码见目录4~/Shop/scr/components/ShopCar.vue】

```
function confirmOrder() {
    if (address.value.length == 0) {
        ElMessage.error({ message: "请填写收货地址" })
        return
    }
```

```
    dialogVisible.value = false
    startRequest(RequestPath.orderCreate, 'post', {address:
address.value}).then((response)=>{
        if (response.data.msg != 'ok') {
            ElMessage.error({ message: response.data.error })
        } else {
            // 创建订单成功，直接跳转到订单页面
            router.push({ name: 'order' })
        }
    }).catch((error)=>{
        ElMessage.error({  message: error.response.data.error })
    })
}
```

至此我们基本完成了订单组件的开发。将此订单组件注册到路由中，并在HomePage主页框架的顶部状态栏的用户头像处添加单击事件，将其作为订单模块的入口，这部分配置不再演示。完成这些操作后，运行代码，订单模块的效果如图7-3所示。

图 7-3　订单模块示例

当订单处于已发货状态时，用户端的用户可以单击右侧的按钮来流转订单的状态为已收货，之后订单的操作按钮会引导用户进行评价。我们会在下一章完成评价模块功能的开发。

温馨提示

本项目中并未涉及地址管理功能，实际上一个成熟的电商系统也会提供收货地址管理功能，这同样需要服务端的支持。我们可以让用户添加一些常用的收货地址并存储在数据库中，这样下单时只需选择已经创建好的收货地址即可。

7.3　实现后台管理端的订单管理模块

服务端的购物车和订单的相关功能模块的逻辑最复杂，用户端的复杂度一般，后台管理端的是最简单的。首先，购物车功能是一个纯用户端和服务端交互的功能，无须后台管理端参与。其次，订单部分后台管理端的订单管理功能实际上就是一个能够查看所有用户的订单信息，并对用户订单进行发货的功能模块。

前面我们已经实现了用户端的订单模块，后台管理端对应的功能与之类似，区别只在于请求订单数据时将请求所有用户的数据，并且支持对订单列表按照一定规则进行排序。

首先，我们在后台管理系统工程的components文件夹中新建一个OrderComponent组件，并将其注册到“/home”路由下。然后在HomePage组件的菜单中新增一个订单管理的菜单项，代码如下：

【源码见目录4~/ShopAdmin/scr/components/HomePage.vue】

```
<el-sub-menu index="3">
    <template #title>
    <el-icon><Document /></el-icon>
    <span>订单管理</span>
    </template>
    <el-menu-item index="/home/orderManager">订单管理</el-menu-item>
</el-sub-menu>
```

对应地，在ShopAdmin工程的RequestWork中也需要添加拉取订单列表和更新订单状态的接口路径，以及定义订单相关的数据模型，这里直接复用用户端的代码即可。在OrderComponet组件中，基本可以复用用户端组件的实现，做如下几点修改即可：

（1）将请求订单数据时的type参数设置为1（请求所有用户的订单）。

（2）请求订单数据时，增加order排序参数。

（3）表格中增加一列，用来展示订单关联的用户id数据。

（4）在模板中增加一个下拉列表选择器组件，用来选择要使用的排序规则。

与筛选功能类似，我们需要在OrderComponet组件中增加一个静态属性，用来存储排序项，代码如下：

【源码见目录4~/ShopAdmin/scr/components/OrderComponet.vue】

```
// 排序选项
let sorts = [
    {title: "默认排序", value: ""},
    {title: "按用户排序", value: "user_id"},
    {title: "按下单时间排序", value: "created_at"},
    {title: "按价格排序", value: "price"},
    {title: "按节省金额排序", value: "save_price"},
    {title: "按状态排序", value: "state"}
]
```

同时在模板中增加排序组件：

【源码见目录4~/ShopAdmin/scr/components/OrderComponet.vue】

```
<!-- 排序组件 -->
<el-select v-model="sort" placeholder="排序规则" size="large"
    style="width: 300px;margin: 20px; " @change="reLoadData">
    <el-option v-for="item in
sorts" :key="item.value" :label="item.title" :value="item.value"/>
</el-select>
```

此el-select组件绑定的数据sort需要在script部分定义，将其定义为具有响应性的字符串属性即可。在发起订单数据请求时，将此属性的值拼入请求参数，代码如下：

【源码见目录4~/ShopAdmin/scr/components/OrderComponet.vue】

```
if (sort.value.length > 0) {
    params.order = sort.value
}
```

另外，后台管理端的订单更新功能与用户端的订单更新功能也略有不同，管理员只需要进行发货操作，因此只需要处理当前状态为0的订单，发货时将其更新为1即可。

后台管理端的订单管理模块效果如图7-4所示。

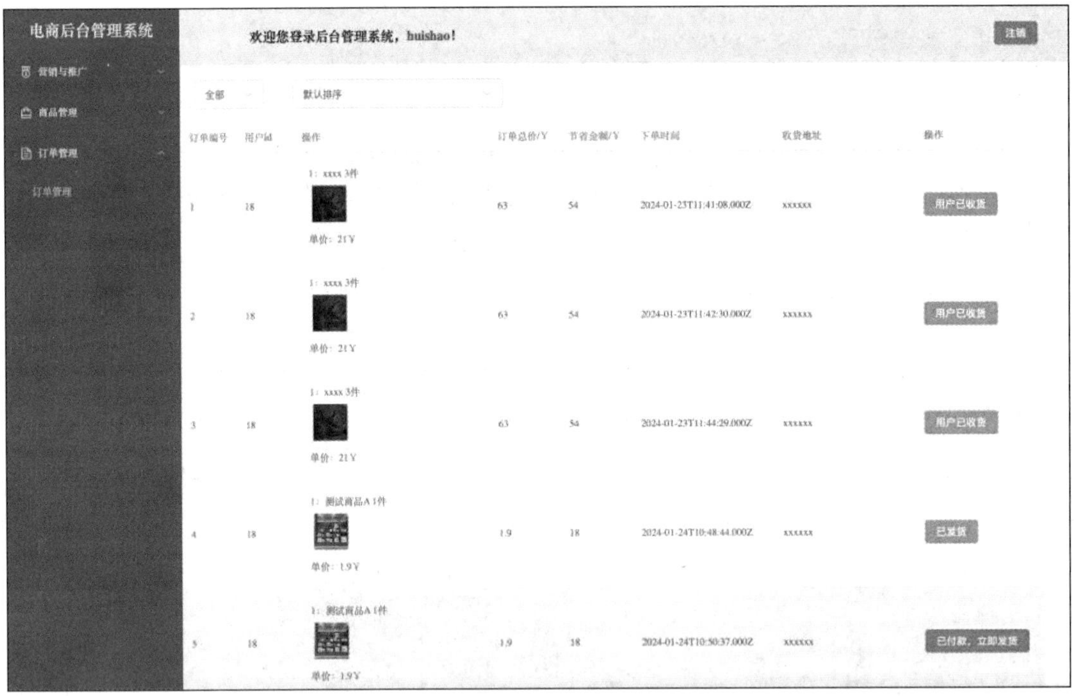

图 7-4 后台管理端的订单管理模块示例

7.4 小结与上机练习

本章介绍了电商项目中购物车与订单模块的开发方法。购物车与订单是重服务端逻辑的模块，通过本章的开发，我们将电商项目的核心流程实现了闭环。后续几章我们将丰富此电商项目的功能。下一章将介绍如何让用户端支持商品搜索功能，以及提供用户购物体验反馈功能。商品的搜索也是一个只有用户端和服务端参与的功能，期间我们将介绍如何使用MySQL的模糊查找。购物体验反馈主要是指用户对订单商品进行评价，并且需要在后台管理端提供对应的评价管理功能。

练习：上机练习尝试为电商系统实现地址管理功能。

提示：收货地址可以分为收件人、电话以及地址几个部分，对应地需要在数据库中创建合适的数据表。服务端需要提供收货地址的创建、拉取等逻辑，其中需要注意收货地址是和具体的用户绑定的。用户端在进行下单时，需要提供已有的收货地址列表供用户选择，也可以让用户新建收货地址。

请参照以下代码进行上机练习。

```
    // 收货地址类
    class Address {
       user_id: number;         // 用户id
       receiver: string;        // 收件人
       phone: string;           // 电话
       address: string;         // 地址

       constructor(user_id: number, receiver: string, phone: string, address: string) {
          this.user_id = user_id;
          this.receiver = receiver;
          this.phone = phone;
          this.address = address;
       }
    }

    // 数据库操作类
    class AddressManager {
       private db: any; // 数据库连接对象

       constructor() {
          // 初始化数据库连接
          this.db = this.connectToDatabase();
       }

       // 连接数据库的逻辑
       private connectToDatabase(): any {
          // 连接数据库的逻辑
          return {};
       }

       // 创建收货地址的逻辑
       public createAddress(user_id: number, receiver: string, phone: string, address: string): void {
          // 创建收货地址的逻辑
       }
```

```
    // 获取收货地址列表的逻辑
    public getAddresses(user_id: number): Address[] {
      // 获取收货地址列表的逻辑
      return [];
    }

    // 更新收货地址的逻辑
    public updateAddress(address_id: number, receiver: string, phone: string,
address: string): void {
      // 更新收货地址的逻辑
    }

    // 删除收货地址的逻辑
    public deleteAddress(address_id: number): void {
      // 删除收货地址的逻辑
    }
  }

  // 服务端逻辑
  class Server {
    private addressManager: AddressManager;

    constructor() {
      this.addressManager = new AddressManager();
    }

    // 创建收货地址的方法
    public createAddress(user_id: number, receiver: string, phone: string,
address: string): void {
      // 调用数据库操作类的创建收货地址方法
      this.addressManager.createAddress(user_id, receiver, phone, address);
    }

    // 获取收货地址列表的方法
    public getAddresses(user_id: number): Address[] {
      // 调用数据库操作类的获取收货地址列表方法
      return this.addressManager.getAddresses(user_id);
    }

    // 更新收货地址的方法
    public updateAddress(address_id: number, receiver: string, phone: string,
address: string): void {
      // 调用数据库操作类的更新收货地址方法
      this.addressManager.updateAddress(address_id, receiver, phone,
address);
    }

    // 删除收货地址的方法
    public deleteAddress(address_id: number): void {
```

```
        // 调用数据库操作类的删除收货地址方法
        this.addressManager.deleteAddress(address_id);
    }
}

// 用户端逻辑
class Client {
    private server: Server;

    constructor() {
        this.server = new Server();
    }

    // 创建收货地址的方法
    public createAddress(user_id: number, receiver: string, phone: string,
address: string): void {
        // 调用服务端的创建收货地址方法
        this.server.createAddress(user_id, receiver, phone, address);
    }

    // 获取收货地址列表的方法
    public getAddresses(user_id: number): Address[] {
        // 调用服务端的获取收货地址列表方法
        return this.server.getAddresses(user_id);
    }

    // 更新收货地址的方法
    public updateAddress(address_id: number, receiver: string, phone: string,
address: string): void {
        // 调用服务端的更新收货地址方法
        this.server.updateAddress(address_id, receiver, phone, address);
    }

    // 删除收货地址的方法
    public deleteAddress(address_id: number): void {
        // 调用服务端的删除收货地址方法
        this.server.deleteAddress(address_id);
    }
}
```

第8章

开发搜索与评价模块

本章将完成整个电商项目中与用户相关的最后一部分功能。在用户端的首页框架中，我们之前预留了一个搜索栏组件，此组件将作为搜索模块的入口，当用户向搜索栏中输入某些关键词时，服务端将从商品库中将所有商品名中包含此关键词的商品搜索出来并返回给用户。搜索功能对电商项目来说非常重要，很多时候用户是有目的地进行购物行为，只搜索目标类型的商品进行选购。

评价模块为用户提供了一种对商品进行反馈的途径。当用户的某个订单完成后，用户可以对订单所关联的商品进行评价。用户的评价可以为其他商品购买者提供参考，也是一种与商家交互的方式。电商后台管理员可以在后台管理端看到用户的评价，并有权对评价进行审核，审核不通过的评价将不会展示在商品详情页中。

从技术难度上看，本章的内容并不复杂，所需要使用到的技能大多在前面章节中已有过实践。下面就进入本章的学习，一起来完善我们的电商系统吧。

本章学习目标：

- 电商搜索模块的开发流程。
- MySQL 的模糊查询功能。
- 评价系统的整体开发流程。

8.1 实现服务端的搜索与评价模块

搜索和评价是两个独立的功能，在工程结构上，我们也可以将它们作为两个独立的功能模块来开发。搜索部分比较简单，只需要服务端提供一个商品搜索的接口，此接口将接收一个关键词，通过此关键词来搜索数据库中相匹配的商品并返回给用户端。搜索也是一个纯用户端与服务端交互的功能模块，不需要后台管理端的参与。

评价模块涉及评价的发布、评价的审核以及用户端和后台管理端的评价查看逻辑。因此，评价模块是一个需要服务端、用户端和后台管理端共同参与的功能模块。用户可以对已完成订单中的每个商品进行评分以及发表一段评价文案。对应地，在商品详情页中也需要对已经审核通过的评价进行展示。

8.1.1　实现商品搜索接口

在前面编写电商项目商品模块的功能时，我们已经实现了获取商品列表的服务端接口。商品搜索的本质其实也是获取商品列表，只是对商品列表中的商品有要求，只有与搜索关键词匹配上的商品才能被获取到。MySQL数据库有着强大的检索能力，前面我们也试着通过某些字段的值来检索数据库中的条目，只是之前所使用的检索方式都是精确匹配，例如通过明确的id值来获取数据。本节将使用MySQL的模糊查询语法来实现数据搜索。

在构建SQL语句时，查询语句可以使用where子句来设置检索条件。在where语句中，使用like语法可以进行匹配模式的设置。常见的匹配方式有前缀匹配、后缀匹配以及包含匹配：前缀匹配会检索到以检索条件开头的数据，后缀匹配会检索到以检索条件结尾的数据，包含匹配会检索到包含检索条件的数据。前缀匹配的语法格式如下：

```
where condition like 'xxxx%'
```

其中xxxx为检索关键词。

后缀匹配的语法格式如下：

```
where condition like '%xxxx'
```

包含匹配的语法格式如下：

```
where condition like '%xxxx%'
```

本节将使用包含匹配来实现商品搜索接口。

首先在ShopBackend后端服务项目的api.yml文件中定义一个新的接口，搜索的接口也可以定义在商品模块下，将其放在Goods标签下即可。接口路径定义为：

```
/goods/list/search
```

商品搜索接口的逻辑与获取商品列表类似，对应的接口定义也类似，只是它不需要获取商品列表中的cid参数，同时需要新建一个字符串类型的keyword参数，keyword参数是搜索的关键词。

定义好了接口文档后，在goods.service.ts文件的GoodsService类中新增一个方法，此方法封装SQL语句的构建并操作数据库，代码如下：

【代码片段8-1　源码见目录4~/ShopBackend/server/api/services/goods.services.ts】

```
// 搜索商品
searchGoods(keyword: string, offset: number, limit: number) {
    return new Promise((resolve, reject)=>{
        // 构建SQL语句
        let keys = ['id', 'created_at', 'name', 'description', 'category_id',
'price', 'discounted_price', 'stock', 'image', 'status', 'brand']
```

```
        let where = `(name like '%${keyword}%') OR (description like
'%${keyword}%')`
        where += ` limit ${limit} offset ${offset}`
        database.queryDataFrom(goodsTableName, keys, [['id', 'name',
'description', 'sort', 'created_at']], [categoryTableName], ['category_id'],
['category'], where, (data)=>{
            if (!data) {
                reject("获取商品数据失败")
            } else {
                let result = data.result
                resolve(result)
            }
        })
    });
}
```

此方法的实现与之前获取商品列表的服务层实现类似，不同之处在于使用like语法将关键词作为模糊匹配的条件来构建查询语句。

对应地在Goods模块的controller中新增一个搜索商品的接口方法，代码如下：

【代码片段8-2　源码见目录4~/ShopBackend/server/api/controllers/goods/controller.ts】

```
// 搜索商品
goodsListSearch(req: Request, res: Response): void {
    // 获取请求中的关键词，分页参数
    let keyword = req.query.keyword as string
    let offset = Number(req.query.offset as string)
    let limit = Number(req.query.limit as string)
    goodsService.searchGoods(keyword, offset, limit).then((data)=>{
        res.status(200).json({ msg: 'ok',datas: data })
    }).catch((error)=>{
        res.status(200).json({ msg: 'error', error: error })
    })
}
```

另外，还需要在Goods模块的router.ts中进行路由注册：

【源码见目录4~/ShopBackend/server/api/controllers/goods/router.ts】

```
get('/list/search', authorizeHandlerNormal, controller.goodsListSearch)
```

现在可以在API文档的前端页面上进行测试，当商品的标题和描述中包含关键词时，此商品将被搜索出来。

8.1.2 评价数据结构与接口定义

从产品功能的角度考虑，只有在订单状态为已收货时，用户进行商品评价才具有实际意义。因此，在产品设计阶段，一旦用户确认收货，系统便会引导他们进行商品评价。考虑到一个订单可能包含多个商品，用户界面需要为每个商品单独提供评价的入口。因此，在后端接口设计时，必须支持对多个商品进行批量评价。

在数据结构方面，每条评价都会与特定的商品id关联，并存储在数据库中。这些评价将在商品详情页展示，以便其他用户参考。值得注意的是，评价并非在提交后即可立即展示在详情页。为了保证内容的质量和适宜性，评价需经过管理员的审核，审核通过后才会在用户端显示。

评价表的字段定义如表8-1所示。

表 8-1　评价表的字段构成

字 段 名	类　型	意　义
id	整型	唯一标识
user_id	整型	发布此评价的用户
gid	整型	此评价关联的商品
content	文本	此评价的内容
star	整型	此评价的星级
created_at	字符串	评价的发布时间
state	整型	评价的审核状态，0 为审核未通过，1 为审核通过

根据表8-1中的描述，使用如下SQL语句来创建评价数据表：

```
CREATE TABLE Evaluation (
id INT PRIMARY KEY AUTO_INCREMENT,
user_id INT NOT NULL,
gid INT NOT NULL,
content TEXT,
star INT,
created_at DATETIME DEFAULT CURRENT_TIMESTAMP,
state INT
);
```

上面SQL语句设置user_id和gid不可为空，不关联发布者和目标商品的评价在逻辑上是异常的。另外，content将记录评价的具体内容；star将记录用户对商品的评分，我们将定义0~5分的范围供用户选择，0分为最不满意，5分为最满意；state标记评价的状态，用户发布的评价的初始状态为审核未通过，需要管理员审核通过后才能变为审核通过状态。

评价相关的功能需要以下3个服务端接口的支持：

（1）创建评价接口。
（2）审核评价接口。
（3）拉取评价列表接口。

创建评价需要支持批量创建，即用户可以上传一组评价数据来批量创建。在用户端表现上，用户可以对某个订单所包含的所有商品进行评分和编写评价语句，然后一起提交。创建评价接口的请求方法可以定义为post方法，请求体中直接携带一组评价数据（包含gid、content、star）以及所关联的订单id（用来更新订单状态）。

审核评价接口只有管理员可以调用，其将对评价的state字段进行更新。该接口的结构比较简单，可以将其请求方法定义为get方法，参数只需要携带评价id以及要更新成的state状态即可。

拉取评价列表接口在用户端和后台管理端都需要调用。用户端在拉取评价列表时是以商品为维度的，即每次拉取的是某个商品下的评价列表。后台管理端的拉取评价列表则不区分商品，直接拉取所有评价。为了便于管理员进行审核，可以支持评价状态的筛选。

在ShopBackend项目的api.yml文件中，新增一个Evaluation标签，与评价相关的接口定义将关联到此标签上。同时，在文档中新增一个描述评价对象的组件。注意，在获取评价数据时，用户端要展示评价的发布者昵称，需要通过user_id将用户信息展开后直接返回。因此，在文档中定义评价数据组件时，需要增加一个user字段用来承载用户信息，服务端要有选择地返回用户数据，用户信息只可以包含用户名和id，密码和角色属于隐私数据不能泄露。

定义/evaluation/create接口用来创建评价，/evaluation/update接口用来更新评价状态，/evaluation/list/get接口用来获取评价列表，具体的OpenAPI文档定义这里不再演示，可以直接查看源码中的api.yml文件。

8.1.3 实现评价相关接口

先从服务层开始实现评价模块的后端功能。首先，在services文件夹下新建一个名为evaluation.service.ts的文件，引入基础的模块以及定义评价数据接口，代码如下：

【源码见目录4~/ShopBackend/server/api/services/evaluation.ts】

```
// 导入模块
import database from '../../utils/database'
// 评价表名
const evaluationTableName = 'Evaluation'
// 用户表名
const usersTableName = 'users'
// 定义评价模型接口
export interface EvaluationItem {
    id?: number;                    // 标识
    user_id?: number;               // 发布者id
    gid?: number;                   // 商品id
    created_at?: string;            // 创建时间
    state?: number;                 // 审核状态
    content?: string;               // 评价内容
    star?: number;                  // 评分
}
```

这里我们也用到了用户表名，后续在拉取评价列表时需要用它来关联查询用户数据。

创建评价和更新评价的接口比较简单，而获取评价列表的接口会涉及联表查询，不过比较方便的是我们之前已经封装过一个联表查询的数据库操作函数，只需要将参数配置好即可。实现评价服务类的代码如下：

【代码片段8-3 源码见目录4~/ShopBackend/server/api/services/evaluation.ts】

```
// 评价服务类
export class EvaluationService {
    // 创建评价
    createEvaluation(e: EvaluationItem) {
```

```
        return new Promise((resolve, reject)=>{
            let keys = ['user_id', 'gid', 'content', 'star', 'state']
            let values = [e.user_id, e.gid, e.content, e.star, e.state]
            database.insertData(evaluationTableName, keys, values, (data)=>{
                if (!data) {
                    reject("创建评价失败")
                } else {
                    resolve(null)
                }
            })
        })
    }
    // 更新评价
    updateEvaluation(e: EvaluationItem) {
        return new Promise((resolve, _reject)=>{
            database.updateData(evaluationTableName, `state='${e.state}'`,
`id = ${e.id}`)
            resolve(null)
        })
    }
    // 获取评价列表
    getList(gid: number | undefined = undefined, filter: number, offset: number,
limit: number) {
        return new Promise((resolve, reject)=>{
            // 要查询的评价数据字段
            let keys = ['id', 'user_id', 'gid', 'content', 'star', 'created_at',
'state']
            let where = ''
            // 筛选条件与分页
            if (gid) {
                where += `gid=${gid}`
            } else {
                where += 'id IS NOT NULL'
            }
            where += ` and state=${filter}`
            where += ` limit ${limit} offset ${offset}`
            // 查询评价数据，同时将用户信息展开
            database.queryDataFrom(evaluationTableName, keys, [['id',
'username']], [usersTableName], ['user_id'], ['user'], where, (data)=>{
                if (!data) {
                    reject("获取商品数据失败")
                } else {
                    let result = data.result
                    resolve(result)
                }
            })
        });
    }
}
// 导出服务类
```

```
export default new EvaluationService();
```

其中需要额外关注getList方法，在进行用户信息的展开时，切记只将用户的id和username字段进行返回，隐藏用户的隐私数据。

下面实现控制器层的逻辑，在controllers文件夹下新建一个evaluation子目录，在其中创建控制器文件和路由文件。控制器类中对应实现3个评价接口，将客户端的请求进行解析，获取到必要参数后调用服务层的方法来操作数据库，代码如下：

【代码片段8-4　源码见目录4~/ShopBackend/server/api/controllers/evalution/controller.ts】

```
import { Request, Response } from 'express';
import evaluationService from '../../services/evaluation.service'
import orderService from '../../services/order.service';
export class Controller {
    // 创建评价
    create(req: Request, res: Response): void {
        // 解析请求参数
        let uid = (req.headers as any).user.id
        let body = req.body as any[]
        // 创建评价接口支持一次请求创建一组评价，进行评价组的遍历
        body.forEach((e:any)=>{
            evaluationService.createEvaluation({
                user_id: uid,
                gid: e.gid,
                content: e.content ?? "",
                star: e.star ?? 0,
                state: e.state ?? 0
            }).catch((error)=>{
                res.status(200).json({ msg: 'error', error: error })
            })
        })
        let oid = Number(req.query.oid as string)
        // 更新订单状态
        orderService.update(oid, 3).then()
        res.status(200).json({ msg: 'ok' })
    }
    // 更新评价状态
    update(req: Request, res: Response): void {
        let state = Number(req.query.state as string)
        let id =  Number(req.query.eid as string)
        if (!id) {
            res.status(200).json({ msg:'error', error:'请指定要更新的类别id' })
        }
        evaluationService.updateEvaluation({id, state}).then(()=>{
            res.status(200).json({ msg:'ok' })
        })
    }

    // 获取评价列表
    listGet(req: Request, res: Response): void {
```

```
        let gid = undefined
        if (req.query.gid) {
            gid = Number(req.query.gid as string)
        }
        let filter = Number(req.query.filter as string) ?? 0
        let offset = Number(req.query.offset as string)
        let limit = Number(req.query.limit as string)
        evaluationService.getList(gid, filter, offset, limit).then((data)=>{
            res.status(200).json({ msg: 'ok',datas: data })
        }).catch((error)=>{
            res.status(200).json({ msg: 'error', error: error })
        })
    }
}
export default new Controller();
```

注意，前面在开发订单模块的功能时提到，当用户完成评价操作后，会将订单的状态更新为已完成。因此在用户创建评价时，需要将当前订单的id作为参数传递到服务端，由服务端负责更新订单的状态。在路由文件中进行路由与控制器方法的映射，代码如下：

【源码见目录4~/ShopBackend/server/api/controllers/evalution/router.ts】

```
import express from 'express';
import controller from './controller';
import {authorizeHandlerNormal, authorizeHandleAdmin} from
'../../middlewares/authorize';
// 定义路由，使用鉴权中间件
export default express
  .Router()
  .post('/create', authorizeHandlerNormal ,controller.create)
  .get('/update', authorizeHandleAdmin ,controller.update)
  .get('/list/get', authorizeHandlerNormal ,controller.listGet);
```

最后，不要忘记将此路由注册到Express应用实例中。运行后端工程，尝试在API文档页面中对评价的相关接口进行测试，验证后端服务无问题后，后续便可以进入用户端和后台管理端的开发。

8.2　实现用户端的搜索与评价模块

搜索功能主要在用户端实现，不涉及后台管理端。具体操作流程是：用户在搜索框中输入关键词并提交后，系统将通过调用后端接口来查询相应的商品数据。搜索得到的结果会以商品列表的形式展示在用户界面上。

对于评价部分，用户端和后台管理端都需要实现一部分功能。用户端需要提供一个供用户发布评价的页面，用户可以对订单中所有的商品进行评价，之后批量地将这些数据传递给服务端。评价完成后，此订单的状态会自动更新为已完成。另外，用户创建的订单默认都是未审核状态，后台管理端需要提供评价管理功能，管理员有权限对评价进行审核，并将其状态进行更新。

8.2.1　实现搜索功能

搜索模块的本质也是一个商品列表，只是展示的商品是通过用户输入的关键词筛选出来的。首先，在用户端工程的RequestWork.ts文件中新建一个接口路径，代码如下：

【源码见目录4~/Shop/src/base/RequestWork.ts】

```
goodsListSearch= '/goods/list/search'
```

然后，在components文件夹下新建一个名为SearchPage.vue的组件文件，对应地在Router.ts中进行路由的注册，代码如下：

【源码见目录4~/Shop/src/base/Router.ts】

```
{
    path: 'search/:keyword',
    component: SearchPage,
    name: 'search',
    props: true
}
```

注意，此路由需要注册在HomePage路由下面作为子路由。另外，搜索页面需要根据用户搜索的关键词来进行商品展示，当关键词变化时，需要刷新搜索结果。如果我们不做任何处理，只有参数产生变化的路由是不会进行组件切换的。比较简单的方式是对路由组件增加一个标识key，将完整的路由作为key的值，当路由参数发生变化时即能够自动实现组件切换。将HomePage.vue文件中的路由组件代码修改如下：

【源码见目录4~/Shop/src/components/HomePage.vue】

```
<router-view :key="router.currentRoute.value.fullPath"></router-view>
```

其中，router.currentRoute.value.fullPath可以获取到当前渲染组件的完整路由，设置key的作用是将路由组件唯一化，使得参数的变化也可以触发组件切换。

接下来，为HomePage组件中的搜索按钮添加一个单击事件，代码如下：

【源码见目录4~/Shop/src/components/HomePage.vue】

```
function toSearch() {
    if (searchText.value.length > 0) {
        router.push({
            name: 'search',
            params: {
                keyword: searchText.value
            }
        })
    }
}
```

toSearch方法会判断当前搜索框中是否有内容，如果有，则将内容作为参数，并切换到搜索结果页。

搜索结果页的实现也很简单，在电商用户端的首页我们已经实现了一个商品列表，将其代码复用过来即可。模板部分代码示例如下：

【代码片段8-5　源码见目录4~/Shop/src/components/SearchPage.vue】

```
<template>
    <!-- 空态组件 -->
    <el-empty description="无相关商品" v-show="goods?.length == 0"/>
    <!-- 搜索结果列表 -->
    <div class="goods_list">
        <div v-for="item in goods" class="goods_item" @click="goDetail(item)">
            <div style="width: 200px; height: 150px; overflow: hidden; ">
                <el-image style="width: 100%; height: 100%;" :src="item.image"
fit="fill" />
            </div>
            <div style="width: 100%; height: 150px; background-color: #eeeeee;
position: relative;">
                <div style="padding: 5px;"><span
class="brend">{{ item.brand }}</span>{{ item.name }}</div>
                <div style="padding-left: 5px;padding-right: 5px; font-size:
13px; color: gray;">{{ item.description }}</div>
                <div style="padding: 5px; font-size: 18px; color: red;">惊喜
价:{{ item.price }}￥ <span style="color: gray; font-size: 11px;">原
价:{{ item.discounted_price }}￥</span></div>
                <el-tag style="position: absolute; bottom: 10px;
left:10px" :type="item.status == 1 ? 'success' : 'error'">{{ item.status == 1 ?
'售卖中' : '已下架' }}</el-tag>
            </div>
        </div>
        <div v-show="hasMore" style="width: 100%; text-align: center;
margin-top: 15px; color: grey;" @click="loadGoods">点击加载更多</div>
    </div>
</template>
```

script脚本部分处理单击某个商品后的跳转逻辑以及商品数据的加载，代码如下：

【代码片段8-6　源码见目录4~/Shop/src/components/SearchPage.vue】

```
<script setup lang="ts">
import { onMounted, ref } from 'vue';
import { RequestPath, startRequest, GoodsItemData, GoodsResponseData } from
'../base/RequestWork';
import { ElMessage } from 'element-plus';
import { useRouter } from 'vue-router';
const props = defineProps(['keyword'])
// 路由管理对象
let router = useRouter()
// 商品数据
let goods = ref()
// 分页参数
```

```
let offset = 0
const limit = 4
// 是否有更多数据
let hasMore = ref(true)
// 页面挂载时加载数据
onMounted(()=>{
    loadGoods()
})
// 请求商品数据
function loadGoods() {
    // 调用搜索接口
    startRequest(RequestPath.goodsListSearch, 'get', {'keyword':
props.keyword, offset, limit}).then((response)=>{
        let data = response.data as GoodsResponseData
        let datas:GoodsItemData[] = goods.value ?? []
        // 判断返回的数据量是否小于limit，若小于则表明没有更多数据了
        hasMore.value = (data.datas ?? []).length >= limit
        // 将返回的数据追加到数据源中
        datas.push(...(data.datas ?? []))
        goods.value = datas
        // 对offset进行设置
        offset = datas.length
    }).catch((error)=>{
        ElMessage.error({
            message: error.response.data.error
        })
    })
}
// 跳转到商品详情页
function goDetail(item: GoodsItemData) {
    router.push({
        name: 'goodsDetail',
        params: {id: item.id}
    })
}
</script>
```

现在尝试在搜索框中输入一些商品进行测试，单击搜索按钮后会展示出与输入的关键词相关的商品，如图8-1与图8-2所示。

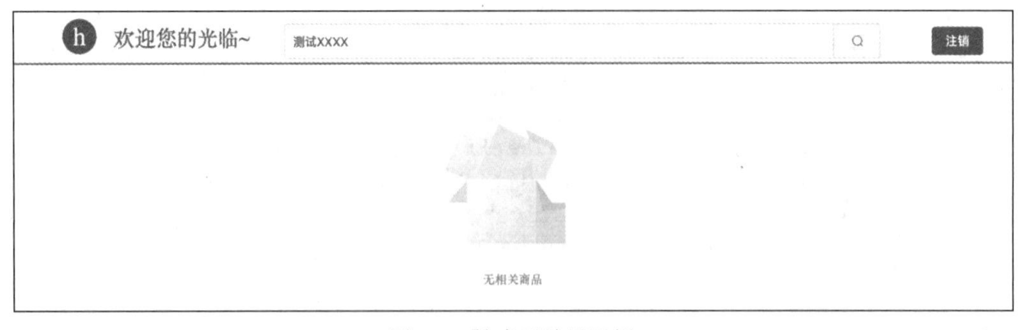

图 8-1　搜索无结果示例

图 8-2　搜索有结果示例

8.2.2　实现创建商品评价功能

前面我们已经准备好了和商品评价相关的接口，这里用户端需要实现两部分功能：商品评价的创建和商品评价的展示。本小节我们先来实现商品评价的创建。

首先在RequestWork.ts文件中增加用户端所需的接口路径与模型定义：

【源码见目录4~/Shop/src/base/RequestWork.ts】

新增评价相关接口路径：

```
evaluationCreate = '/evaluation/create',
evaluationListGet = '/evaluation/list/get'
```

评价模型定义：

```
// 评价模型
export interface EvaluationItemData {
   id: number,
   user: UserInfo,
   gid: number,
   content: string,
   star: number,
   created_at: string
}
export interface EvaluationResponseData {
   msg: 'error' | 'ok',
   error?: string,
   datas?: EvaluationItemData[]
}
```

注意，在编写服务端接口时，创建评价的接口参数分为了两部分：关联的订单id参数放在了请求的query部分，而具体的评价数据放在了请求的body部分。因此，我们需要对之前定义的startRequest方法的参数做一点修改，使其支持自定义的字符串请求路径，代码如下：

【源码见目录4~/Shop/src/base/RequestWork.ts】

```
function startRequest(path: RequestPath | string, method: Method, params: any)
```

下面我们来具体实现与创建评价相关的页面组件，在components文件夹下新建一个名为EvaluationPage.vue的组件文件，将其注册到首页路由下：

【源码见目录4~/Shop/src/base/Router.ts】

```
{
    path: 'evaluation/:order',
    component: EvaluationPage,
    name: 'evaluation',
    props: true
}
```

其中order参数是完整的订单对象，在路由跳转时，可以将对应的订单对象进行JSON编码后通过路由传递。

实现EvaluationPage组件的模板部分的代码如下：

【代码片段8-7　源码见目录4~/Shop/src/components/EvaluationPage.vue】

```
<template>
    <div style="margin-top: 40px;margin-left: 20px;margin-bottom: 20px; color:
red;">对商品有什么看法？来评价吧~</div>
    <div v-for="(item, idx) in order.goods" style="margin: 20px;">
        <div>{{idx+1}}: {{ item.item.name }}  {{ item.count }}件</div>
        <el-image style="width: 50px; height: 50px; margin:
5px;" :src="item.item.image" fit="fill" />
        <div style="font-weight: 900;">评分与评价：</div>
        <div><el-rate v-model="evaluations[item.item.id].value" size="large"
/></div>
        <el-input v-model="evaluations[item.item.id].text" type="textarea"
placeholder="请输入评价内容"/>
    </div>
    <el-button type="primary" @click="commit" style="margin:
20px;" :disabled="!canCommit">提交评价</el-button>
</template>
```

上述代码通过Vue中的循环指令来将订单中关联的商品进行展示，为每一个商品提供了星级评定和内容评价的组件。这部分的核心在于数据的绑定，我们需要在script部分为每个商品定义一个响应性数据对象，此对象用来存储用户的评分和评价数据，并在提交时通过接口将其传递到服务端。

script脚本部分代码如下：

【代码片段8-8　源码见目录4~/Shop/src/components/EvaluationPage.vue】

```
<script setup lang="ts">
import { computed, ref } from 'vue';
import { OrderData, ShopCarGoodsData, startRequest, RequestPath } from
'../base/RequestWork';
import { ElMessage } from 'element-plus';
import { useRouter } from 'vue-router';
// 外部属性
```

```
const props = defineProps(['order'])
// 将字符串解析成订单对象
let order = JSON.parse(props.order) as OrderData
let router = useRouter()
// 定义响应性的评价数据
let evaluations = ref({} as any)
// 为每个商品分配一个评价数据对象
order.goods?.forEach((v: ShopCarGoodsData)=>{
    evaluations.value[v.item.id] = {
        text: "",
        value: 0
    }
})
// 决定提交按钮是否可单击
let canCommit = computed(()=>{
    let can = true
    // 如果有商品未填写评价，则不允许提交
    Object.values(evaluations.value).forEach((element:any) => {
        if (element.text.length == 0) {
            can = false
        }
    });
    return can
})
// 提交评价的方法
function commit() {
    // 组织数据
    let evaluationAarray:any[] = []
    Object.keys(evaluations.value).forEach((element:any) => {
        evaluationAarray.push({
            gid: Number(element),
            content: evaluations.value[element].text,
            star: evaluations.value[element].value,
            state: 0
        })
    });
    // 调用评价接口，需要将订单id拼接到请求的query中
    startRequest(RequestPath.evaluationCreate + `?oid=${order.id}`, 'post',
evaluationAarray).then(()=>{
        ElMessage.success({
            message: "评价成功",
            onClose: () => {
                router.push({
                    name: 'order'
                })
            }
        })
    }).catch((error)=>{
        ElMessage.error({
            message: error.response.data.error
```

```
        })
    })
}
</script>
```

最后，将之前预留在OrderPage组件中的去评价的逻辑实现完整，直接使用路由进行跳转即可，代码如下：

【源码见目录4~/Shop/src/components/EvaluationPage.vue】

```
// 对订单进行操作
function clickOrder(index: number) {
    let order = tableData.value[index] as OrderData
    if (order.state == 1) {
        // 确认收货操作
        startRequest(RequestPath.orderUpdate, 'get', {
            oid: order.id,  state: 2
        }).then(()=>{
            order.state = 2
        }).catch((error)=>{
            ElMessage.error({ message: error.response.data.error })
        })
    } else if (order.state == 2) {
        // 去评价
        router.push({ name: "evaluation",  params: {order:
JSON.stringify(order)} })
    }
}
```

运行代码，尝试对之前的订单进行评价。评价提交后，页面会自动跳转回订单列表页，并且对应的订单状态会变成已完成，效果如图8-3所示。

图 8-3　商品评价页面示例

8.2.3 实现商品评价展示功能

本小节将来完成电商用户端的最后一部分功能——商品的评价展示。这部分是一个纯展示类的功能，没有复杂的用户交互，相对简单。

在GoodsDetailPage组件中新增一些属性，用来存储评价数据以及请求所需要使用的分页相关字段，代码如下：

【源码见目录4~/Shop/src/components/GoodsDetailPage.vue】

```
// 评价数据
let evaluations = ref<EvaluationItemData[]>([])
// 分页逻辑字段
let limit = 2
let hasMore = ref(true)
```

定义一个加载评价数据的方法，代码如下：

【源码见目录4~/Shop/src/components/GoodsDetailPage.vue】

```
function loadEvaluations() {
    // 请求参数构建
    let params:any = {
        limit,
        offset: evaluations.value.length,
        filter: 1,
        gid: props.id
    }
    startRequest(RequestPath.evaluationListGet, 'get',
params).then((response)=>{
        hasMore.value = (response.data.datas ?? []).length >= limit
        // 对属性进行赋值
        evaluations.value.push(...(response.data.datas as []));
    }).catch((error)=>{
        ElMessage.error({ message: error.response.data.error })
    })
}
```

注意，用户端只可以展示已经通过审核的评价数据，因此filter参数要设置为1。在组件的onMounted生命周期方法中调用此方法来加载评价数据：

【源码见目录4~/Shop/src/components/GoodsDetailPage.vue】

```
onMounted(()=>{
    loadGoods()
    loadEvaluations()
})
```

在商品详情页中，我们之前使用el-tabs组件来将主内容分为商品详情和评价列表两部分，现在将评价列表部分的模板完善如下：

【代码片段8-9　源码见目录4~/Shop/src/components/GoodsDetailPage.vue】

```
<el-tab-pane label="商品评价">
    <el-empty description="暂无评价" v-show="evaluations.length == 0"/>
    <div style="margin-bottom: 40px;">
        <div v-for="item in evaluations" style="margin-top: 30px;">
            <div style="font-size: 20px; color:
#555555;">{{ item.user.username }}发布评价:</div>
            <div><el-rate v-model="item.star" disabled show-score
text-color="#ff9900" score-template="{value} 分"/></div>
            <div style="margin-top: 10px; font-size:
20px;">{{ item.content }}</div>
            <div style="float: right; color: #717171;">发布时间:
{{ item.created_at }}</div>
            <div style="height: 1px; background-color: #c1c1c1; margin-top:
30px;"></div>
        </div>
        <div v-show="hasMore" style="width: 100%; text-align: center;
margin-top: 15px; color: grey;" @click="loadEvaluations">点击加载更多</div>
    </div>
</el-tab-pane>
```

上述代码主要将每条评价数据的发布用户名、评分、评价内容以及发布时间展示出来。如果当前商品没有审核通过的评价，则会展示一个空态样式。商品评价模块效果如图8-4所示。

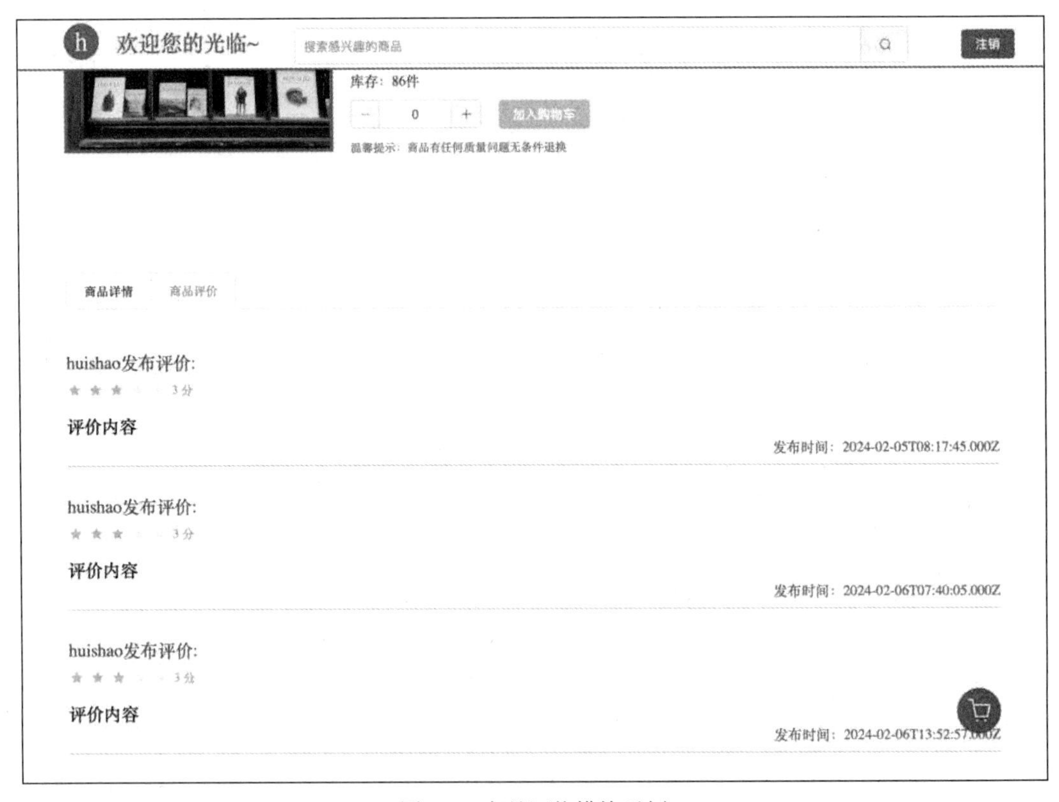

图 8-4　商品评价模块示例

8.3　实现后台管理端的评价模块

目前用户端已经可以发布商品评价了，并且可以将对应商品的已通过审核的评价进行展示。商品评价模块的功能还差最后一环未完成——提供后台管理功能来对评价的审核状态进行管理。

对于评价模块，后台管理端的主要功能是对其审核状态进行修改，既支持将未审核的评价修改为审核通过，也支持将已经审核通过的评价重新恢复到未审核状态。

首先，在后台管理项目工程的RequestWork.ts中定义需要使用的接口路径以及模型。注意，后台管理端需要使用的接口为拉取评价列表接口和修改评价状态接口，代码如下：

【源码见目录4~/ShopAdmin/src/base/RequestWork.ts】

```
evaluationUpdate = '/evaluation/update',
evaluationListGet = '/evaluation/list/get'
```

定义评价数据模型时，需要定义完整，之前在用户端定义的模型没有state字段是因为用户端无须使用此字段，但是后台管理端需要，因此，评价模型的代码如下：

【源码见目录4~/ShopAdmin/src/base/RequestWork.ts】

```
// 评价模型
export interface EvaluationItemData {
    id: number,
    user: UserInfo,
    gid: number,
    content: string,
    star: number,
    created_at: string,
    state: number
}
```

然后在components文件夹下新建一个名为EvaluationComponent.vue的组件，在Router.ts中将其注册到HomePage路由下：

【源码见目录4~/ShopAdmin/src/base/Router.ts】

```
{
   path:'evaluationManager',
   component:EvaluationComponent,
   name:"evaluationManager"
}
```

我们还需要在后台管理端的首页中为评价管理模块分配一个子菜单项，在HomePage组件中的el-menu菜单下新增一个子菜单，代码如下：

【源码见目录4~/ShopAdmin/src/components/HomePage.vue】

```
<el-sub-menu index="4">
    <template #title>
```

```
        <el-icon><Star /></el-icon>
        <span>评价管理</span>
        </template>
        <el-menu-item index="/home/evaluationManager">评价审核</el-menu-item>
    </el-sub-menu>
```

接下来只需要专注实现EvaluationComponets组件的功能即可。

评价管理页面也将通过Element Plus框架中的el-table组件来渲染具体的评价条目，并且每个条目中提供一个操作按钮供管理员使用。管理员可以将未审核的评价操作为审核通过，同样也可以进行逆操作。实现EvaluationComponets组件的模板部分如下：

【代码片段8-10　源码见目录4~/ShopAdmin/src/components/EvaluationComponent.vue】

```
    <template>
        <!-- 筛选组件 -->
        <el-select v-model.number="filter" placeholder="筛选评价类型" size="large"
            style="width: 100px;margin: 20px; " @change="reLoadData">
            <el-option v-for="item in [0, 1]" :key="item" :label="item == 0 ? '
未审核':'审核通过'" :value="item"/>
        </el-select>
        <!-- 评价列表 -->
        <div>
            <el-table :data="tableData" style="width: 100%">
                <el-table-column prop="id" label="评价编号" width="80" />
                <el-table-column prop="user.username" label="发布者" width="80" />
                <el-table-column prop="user.id" label="发布者id" width="80" />
                <el-table-column prop="gid" label="商品id" width="80" />
                <el-table-column prop="star" label="分数" width="100" />
                <el-table-column prop="content" label="内容" width="100" />
                <el-table-column prop="created_at" label="发布时间" width="200" />
                <el-table-column label="操作"  width="180">
                    <template #default="scope">
                        <el-button :type="scope.row.state == 0 ? 'primary' : 'danger'"
@click="update(scope.$index)">{{ scope.row.state == 0 ? '审核通过' : '恢复为未审核
' }}</el-button>
                    </template>
                </el-table-column>
            </el-table>
        </div>
        <!-- 加载更多 -->
        <div v-show="hasMore" style="width: 100%; text-align: center; margin-top:
15px; color: grey;" @click="loadData">点击加载更多</div>
    </template>
```

EvaluationComponent的script脚本部分主要对评价数据的加载以及评价状态的修改提供支持，其中将提供方法来请求评价列表接口和更新评价状态接口，代码如下：

【代码片段8-11　源码见目录4~/ShopAdmin/src/components/EvaluationComponent.vue】

```
    <script setup lang="ts">
    import { onMounted, ref } from 'vue';
```

```
    import { EvaluationItemData, RequestPath, startRequest } from
'../base/RequestWork';
    import { ElMessage } from 'element-plus';
    // 评价数据
    let tableData = ref<EvaluationItemData[]>([])
    // 筛选
    let filter = ref(0)
    // 分页字段
    let limit = 4
    let hasMore = ref(true)
    // 组件挂载时加载数据
    onMounted(()=>{
        reLoadData()
    })
    // 切换了筛选项时，此方法重新加载数据
    function reLoadData() {
        tableData.value = []
        loadData()
    }
    // 加载数据，进行请求
    function loadData() {
        let params:any = {
            limit,
            offset: tableData.value.length,
            filter: filter.value
        }
        startRequest(RequestPath.evaluationListGet, 'get',
params).then((response)=>{
            hasMore.value = (response.data.datas ?? []).length >= limit
            // 对属性进行赋值
            tableData.value.push(...(response.data.datas as []));
        }).catch((error)=>{
            ElMessage.error({
                message: error.response.data.error
            })
        })
    }
    // 更新某个评价的审核状态
    function update(index: number) {
        let params = {
            eid: tableData.value[index].id,
            state: tableData.value[index].state == 0 ? 1 : 0
        }
        startRequest(RequestPath.evaluationUpdate, 'get', params).then(()=>{
            tableData.value[index].state = params.state
        }).catch((error)=>{
            ElMessage.error({
                message: error.response.data.error
            })
        })
```

```
}
</script>
```

运行代码，后台管理系统的评价管理模块如图8-5所示。

图 8-5　评价管理模块示例

现在，评价模块的服务端、用户端和后台管理端的逻辑都已完善，我们可以尝试进行商品选购、下单、订单状态流转、评价、评价审核及最终展示等完整流程。至此，我们规划的整个电商全栈项目的用户端部分已经实现完成了。但是，对于一个完整的电商项目来说，用户端的完整并不是结束，商家能够方便地进行运营数据的查看和分析也是非常重要的，下一章我们将重点实现电商网站运营数据的统计分析功能。

8.4　小结与上机练习

到本章结束，我们已经闭环实现了电商项目用户端所有的核心功能。但是和实际商业应用比起来，我们的项目非常简陋，无论是界面布局设计还是功能易用性，当前的版本都还不够完善。读者可以尝试模仿某个流行的电商网站，综合运用前面学习的内容来对用户端项目进行优化。

练习：请按照本章的讲解上机实现评价管理模块。

第9章

数据统计模块与项目总结

本章是本书的最后一章。如果读者跟着书中安排循序渐进地学习到此，相信一定能够自主开发出一个完整的Vue实践项目，并且对电商项目的流程和各个技术细节有了更深入的了解。一个复杂的商业项目会有很多团队参加，每个人可能只负责部分工作，但是对项目的架构、技术选型以及功能流转逻辑的全面把握是一个优秀工程师必备的能力。最后一章将介绍一下电商后台数据统计模块的实现，并对项目做一个总结。

数据统计分析是电子商务中重要的一环。一个完整的电商项目，只提供用户端及业务运营功能是远远不够的，商家需要能够方便地掌握整个电商项目运营情况的细节。本章主要为后台管理端增加一些数据统计能力，例如管理员可以查看网站的用户数以及增长趋势，能够统计每日的订单数以及销售额等数据。

本章学习目标：

- 数据统计中的高级 SQL 查询语法。
- 前端图标库的应用。

9.1 实现电商后台数据统计模块

回顾我们实现的整个电商系统，它包含用户体系、商品下单流程以及评价系统这些电商项目的核心功能。这些功能除了需要进行业务方向的实现外，还需要具有数据统计的能力。本节将在后台管理端中增加这部分功能，主要包括：

（1）用户数的统计以及近一个月的用户增长趋势。

（2）最近24小时活跃用户数统计以及近一个月的活跃用户趋势。

（3）订单数的统计以及近一个月的订单增加趋势。

（4）总销售额的统计以及近一个月的每日销售额趋势。

（5）商品总评价数统计以及近一个月的每日评价数趋势。

上面列出的5个指标是电商平台中的基础指标，用户数、用户活跃度、订单数和销售额都是电商运营者非常关注的数据。当然，实际的商业应用中统计的数据会更加细致，例如可以细化到具体商品的销售情况。数据指标虽有不同，但实现逻辑都是相似的，学习完本节后，读者也可以尝试添加更多的数据统计指标。

9.1.1 数据统计功能的后端接口定义

在数据统计模块中，前端的主要任务是进行数据的可视化，即将不直观的数字绘制成图表，方便管理员查看和使用，但是这些数据需要服务端来提供。根据前面列举的数据指标需求，我们需要在服务端新增一些接口。

首先，在API文档文件中定义一个新的组件，此组件将作为通用的数据统计对象模型，示例代码如下：

【源码见目录4~/ShopBackend/server/common/api.yml】

```
DateItem:
  title: 数据统计对象
  type: object
  properties:
    allCount:
      type: number
      example: 1000
      description: 总数
    datas:
      type: array
      description: 近一个月的数据
      items:
          type: object
          properties:
            count:
              type: number
              example: 10
              description: 数量
            date:
              type: string
              description: 时间
```

DateItem结构中包含allCount和datas两部分数据：allCount为对应指标的总数；datas中存放的是近一个月的数据，datas中的每个元素存储了当日的数量与当日的具体日期。

然后，定义后端接口。虽然有5个指标需要统计，但我们可以将其统一为一个接口，通过参数来决定前端所请求的指标是什么。新增一个Statistical的tag，在其下定义如下接口：

【源码见目录4~/ShopBackend/server/common/api.yml】

```
/statistical/get:
```

```
get:
  tags:
    - Statistical
  description: 数据统计相关接口
  parameters:
    - name: token
      in: header
      description: 用户token
      required: true
      schema:
        type: string
    - name: type
      in: query
      description: 指标类型 0-用户数 1-用户日活 2-订单数 3-销售额 4-评价数
      required: true
      example: 0
      schema:
        type: number
        enum: [0, 1, 2, 3, 4]
  responses:
    200:
      description: 统计数据
      content:
        application/json:
          schema:
            type: object
            properties:
              error:
                type: string
                example: error
              msg:
                type: string
                example: ok
              data:
                description: 具体数据
                $ref: '#/components/schemas/DateItem'
```

统计相关的功能实现完全依赖于服务端的计算，因此无须在数据库中定义额外的表结构。下一小节我们将根据接口定义来实现具体的接口功能。

9.1.2　数据统计功能的后端服务接口实现

服务端数据统计的能力主要由MySQL数据库实现。MySQL支持对数据条数进行查询、根据时间进行聚合及求和等操作。直接使用SQL语句做数据统计非常方便。

首先，在database.ts文件中新增几个数据库交互方法，代码如下：

【代码片段9-1　源码见目录4~/ShopBackend/server/utils/database.ts】

```
// 查询某张表中的数据个数
```

```
let dataCount = (tableName: string, callback:(data: any)=>void)=>{
    let sql = `SELECT COUNT(*) AS count FROM ${tableName};`
    exec(sql).then((result:any) => {
        callback(result.result[0].count)
    }).catch((error)=>{
        console.log('sqlError:', error);
        callback(null)
    })
}
// 查询最近1日内的数据条数
let dataCountWithinLastday = (tableName: string, dateName: string,
callback:(data: any)=>void)=>{
    let sql = `SELECT DATE(${dateName}) AS date, COUNT(*) AS count
    FROM ${tableName}
    WHERE ${dateName} >= CURDATE() - INTERVAL 1 DAY
    GROUP BY DATE(${dateName})
    ORDER BY DATE(${dateName}) DESC;`
    exec(sql).then((result:any) => {
        callback(result.result[0].count)
    }).catch((error)=>{
        console.log('sqlError:', error);
        callback(null)
    })
}
// 查询最近一个月内每日的数据，以日期为维度聚合
let dataWithinMonth = (tableName: string, dateName: string, callback:(data:
any)=>void) => {
    let sql = `SELECT DATE(${dateName}) AS date, COUNT(*) AS count
    FROM ${tableName}
    WHERE ${dateName} >= CURDATE() - INTERVAL 30 DAY
    GROUP BY DATE(${dateName})
    ORDER BY DATE(${dateName}) DESC;`
    exec(sql).then((result:any) => {
        callback(result.result)
    }).catch((error)=>{
        console.log('sqlError:', error);
        callback(null)
    })
}
// 进行数据求和，指定表名和要求和的字段名
let dataSum = (tableName: string, sumName: string, callback:(data: any)=>void)
=> {
    let sql = `SELECT SUM(${sumName}) AS total FROM ${tableName}`
    exec(sql).then((result:any) => {
        callback(result.result[0].total)
    }).catch((error)=>{
        console.log('sqlError:', error);
        callback(null)
```

```
    })
}
// 进行一个月内每日数据的求和，以日期为维度聚合
let dataSumWithinMonth = (tableName: string, dateName: string, sumName: string,
callback:(data: any)=>void) => {
    let sql = `SELECT DATE(${dateName}) AS date, SUM(${sumName}) AS count
    FROM ${tableName}
    WHERE ${dateName} >= CURDATE() - INTERVAL 30 DAY
    GROUP BY DATE(${dateName})
    ORDER BY DATE(${dateName}) DESC;`
    exec(sql).then((result:any) => {
        callback(result.result)
    }).catch((error)=>{
        console.log('sqlError:', error);
        callback(null)
    })
}
```

在上面示例代码中，使用了几个重要的SQL指令，下面逐一介绍。

- COUNT 是 MySQL 中的一个函数，会返符合条件的数据行数。用它来做数据数量的统计是非常简单的。
- CURDATE 是 MySQL 中的一个函数，用来获取当前日期。
- DATE 是 MySQL 中的一个函数，用来提取日期时间数据中的日期部分。
- SUM 也是 MySQL 中的一个函数，用来进行数据求和。
- GROUP BY 指令用来整合返回数据的结构，它可以指定某个字段名进行聚合，聚合后的数据中此字段不会存在重复的数据。此外，当 GROUP BY 与 COUNT 和 SUM 函数一起使用时，聚合的数据可以直接计算出总数或总合。

准备好了数据库交互方法后，即可以编写服务层的逻辑。在services文件夹下新建一个名为statistical.service.ts的文件，编写如下代码：

【代码片段9-2　源码见目录4~/ShopBackend/server/api/services/statistical.service.ts】

```
import database from '../../utils/database'
// 数据统计服务类
export class StatisticalService {
    getCount(type:number) {
        return new Promise((resolve, reject)=>{
            // 这几种直接查询数据的需求比较简单，直接从数据库查询数量
            if (type == 0 || type == 2 || type == 4) {
                let tableName = ""
                let dateName = "created_at"
                if (type == 0) {
                    tableName = "users"
                    dateName = "registration_time"
                } else if (type == 2) {
                    tableName = "Orders"
```

```
                } else if (type == 4) {
                    tableName = "Evaluation"
                }
                database.dataCount(tableName, (data:any)=>{
                    if (data) {
                        let respose = {} as any
                        respose.allCount = data
                        database.dataWithinMonth(tableName, dateName,
(datas:any)=>{
                            if (datas) {
                                respose.datas = datas
                                resolve(respose)
                            } else { reject('获取数据异常') }
                        })
                    } else { reject('获取数据异常') }
                })
            } else {
                // 用户日活数据整理
                if (type == 1) {
                    database.dataCountWithinLastday('users',
'last_login_time', (data:any)=>{
                        if (data) {
                            let respose = {} as any
                            respose.allCount = data
                            database.dataWithinMonth('users', 'last_login_time',
(datas:any)=>{
                                if (datas) {
                                    respose.datas = datas
                                    resolve(respose)
                                } else { reject('获取数据异常') }
                            })
                        } else { reject('获取数据异常') }
                    })
                }
                // 销售额数据
                if (type == 3) {
                    database.dataSum('orders', 'price', (data:any)=>{
                        if (data) {
                            let respose = {} as any
                            respose.allCount = data
                            database.dataSumWithinMonth('orders', 'created_at',
'price', (datas:any)=>{
                                if (datas) {
                                    respose.datas = datas
                                    resolve(respose)
                                } else { reject('获取数据异常') }
                            })
                        } else { reject('获取数据异常') }
```

```
                })
            }
        }
    })
  }
}
// 导出服务实例
export default new StatisticalService();
```

此服务类主要根据参数来决定要查询的数据指标，最终会将查询结果整合成相同的数据结构并返回给接口控制器层。在controllers文件夹下新建一组控制器和路由文件，代码如下：

【源码见目录4~/ShopBackend/server/api/controllers/statistical/controller.ts】

```
import { Request, Response } from 'express';
import statisticalService from '../../services/statistical.service';
export class Controller {
    // 请求统计数据
    get(req: Request, res: Response): void {
        let type = Number(req.query.type as string)
        statisticalService.getCount(type).then((result)=>{
            res.status(200).json({ msg: 'ok', data: result })
        }).catch((error)=>{
            res.status(200).json({ msg: 'error', error: error })
        })

    }
}
export default new Controller();
```

【源码见目录4~/ShopBackend/server/api/controllers/statistical/router.ts】

```
// 导入express模块
import express from 'express';
// 导入controller模块
import controller from './controller';
// 导入authorizeHandleAdmin中间件
import {authorizeHandleAdmin} from '../../middlewares/authorize';

// 导出一个默认的路由对象
export default express
.Router()
// 定义一个GET请求的路由，路径为'/get'
.get('/get', authorizeHandleAdmin, controller.get);
```

最后，将此接口路由注册到Express应用中。运行后端工程，可以尝试在接口文档页面中调用此接口来获取统计数据。下一小节我们将基于这些数据在后台管理端进行图表绘制。

9.1.3　后台管理端的数据图表绘制

我们要统计的数据指标的结构比较简单，可以使用柱状图来描述，以日期为横轴，以数据为纵轴即可。

首先，在ShopAdmin工程的根目录下执行如下指令来安装与图表绘制相关的库：

```
npm install vue-echarts echarts --save
```

echarts是一款流行的基于JavaScript的可视化图标库，可以方便地绘制出折线图、柱状图、饼图等数据统计常用的图标。vue-echarts是基于Vue框架对echarts的组件化封装，可以直接将它作为组件在Vue项目中使用。

echarts相关模块安装完成后，需要将组件注册到Vue应用实例中。在main.ts中引入对应的模块并进行组件的注册操作，代码如下：

【源码见目录4~/ShopAdmin/scr/main.ts】

```
// 导入图表库
import 'echarts'
import ECharts from 'vue-echarts'
const app = createApp(App)
// 注册图表组件
app.component('v-chart', ECharts)
```

之后即可以像使用其他Vue组件一样使用v-chart图表组件。

新建一个命名为StatisticalComponent.vue的单组件文件，在Router.ts文件中将其注册到HomePage路由下，代码如下：

【源码见目录4~/ShopAdmin/scr/base/Router.ts】

```
{
    path:'statisticalManager',
    component:StatisticalComponent,
    name:"statisticalManager"
}
```

在RequestWork.ts文件中增加数据统计接口的路径：

```
statisticalGet = '/statistical/get'
```

在StatisticalComponent组件中，分别使用不同的type来进行数据统计接口的请求，之后将请求到的数据整理成绘制图表所需的格式即可。以用户数据指标为例，我们需要将绘制图表的数据整理成如下结构：

【代码片段9-3　源码见目录4~/ShopAdmin/scr/components/StatisticalComponent.vue】

```
// 用户数指标
let userCountDataOptions = ref({
// 总数
```

```
    allCount: 0,
    // 图表的标题及渲染位置
    title: { text: "近一个月新增用户", left: "center" },
    // 对X轴进行配置
    xAxis:{
            // X轴展示的数据
            data: getLastMonthDates(),
            // X轴的数据间隔步长
            axisLabel: { interval:0 }
    },
    // 对Y轴进行配置
    yAxis:{},
    // 绘制图表所需要的数据
    series: [{
            // 配置指标名、图表类型以及具体数据
            name: "用户数", type: "bar", data: [] as any
        }]
    });
```

上面定义的配置对象中，除了allCount字段是我们自定义的，用来设置用户总数，其他都是配置echarts图表所需要定义的基础配置项。

- title 用来设置图表的标题以及展示位置。
- xAxis 用来对图表的 X 轴进行配置，当图表为折线图或柱状图这种依赖坐标系的图表时，这个配置项才有效。yAxis 的逻辑与之类似，用来对 Y 轴进行配置。其中 data 用来对坐标轴的坐标刻度进行设置。
- series 用来配置具体的图表数据以及要绘制的图表类型，上面代码中将类型设置为“bar”，表示要绘制柱状图。
- getLastMonthDates 是我们自定义的一个方法，用来获取最近 30 天的日期列表，此日期数据将进行格式化，只显示月份和日期。

getLastMonthDates的实现如下：

【代码片段9-4　源码见目录4~/ShopAdmin/scr/components/StatisticalComponent.vue】

```
// 获取近一个月的日期
function getLastMonthDates() {
  let dates = [];
  // 当前日期
  let currentDate = new Date();
  // 取最近30天
  for (let i = 29; i >= 0; i--) {
    let date = new Date(currentDate);
    date.setDate(currentDate.getDate() - i);
    // 解析出月、日信息
    let month = date.getMonth() + 1;
    let day = date.getDate();
    dates.push(month + '/' + day);
```

```
    }
    return dates;
  }
```

从服务端接口获取到的统计数据的格式与绘制图表所需要的数据格式并不完全一致，因此，从服务端拿到统计数据后，需要做一些整理工作。对于用户数指标来说，即查找到对应日期的新增用户数，然后将其存放到数据列表中，如果某个日期没有任何新增用户，则使用0进行填充，代码如下：

【代码片段9-5　源码见目录4~/ShopAdmin/scr/components/StatisticalComponent.vue】

```
  function getUserCountData() {
      startRequest(RequestPath.statisticalGet, 'get', {type:
0}).then((response)=>{
          // 对总数属性进行赋值
          userCountDataOptions.value.allCount = response.data.data.allCount
          // 服务端返回的最近一月的数据
          let datas = response.data.data.datas
          // 用来绘制图表的结果列表
          let result = []
          // 最近一个月的日期
          let dates = getLastMonthDates()
          for (let i = 0; i < dates.length; i++) {
              let date = dates[i]
              // 从服务端数据中查找此日期的数据
              let d = datas.filter((item:any)=>{
                  if (getMonthDay(item.date) == date) { return true }
                  return false
              }).pop()
              // 有数据则放入列表中，否则用0填充
              if (d) {
                  result.push(d.count)
              } else {
                  result.push(0)
              }
          }
          userCountDataOptions.value.series[0].data = result
      }).catch((error)=>{
          ElMessage.error({
              message: error.response.data.error
          })
      })
  }
  // 将日期进行格式化
  function getMonthDay(date: string): string {
      let newDate = new Date(date);
      let month = newDate.getMonth() + 1;
      let day = newDate.getDate();
      return month + '/' + day
```

```
}
```

同理实现其他数据指标的接口请求与数据处理，这里不再赘述。

在组件挂载时发起请求获取数据：

【源码见目录4~/ShopAdmin/scr/components/StatisticalComponent.vue】

```
onMounted(()=>{
    // 调用各个数据指标的数据获取方法
    getUserCountData()
    getUserActiveData()
    getOrderCountData()
    getBillData()
    getEvaluationCountData()
})
```

最后，在StatisticalComponent组件的模板部分，只需要定义5个v-chart组件来承载对应的指标数据即可，代码如下：

【源码见目录4~/ShopAdmin/scr/components/StatisticalComponent.vue】

```
<template>
    <div>
        <div style="font-size: 15px; font-weight: 900; margin-left: 80px;
margin-top: 10px;">总用户数：{{ userCountDataOptions.allCount }}</div>
        <v-chart :option="userCountDataOptions" style="height:
200px;"></v-chart>
    </div>
    <div>
        <div style="font-size: 15px; font-weight: 900; margin-left: 80px;
margin-top: 10px;">昨日活跃用户数：{{ userActiveDataOptions.allCount }}</div>
        <v-chart :option="userActiveDataOptions" style="height:
200px;"></v-chart>
    </div>
    <div>
        <div style="font-size: 15px; font-weight: 900; margin-left: 80px;
margin-top: 10px;">总订单数：{{ orderCountDataOptions.allCount }}</div>
        <v-chart :option="orderCountDataOptions" style="height:
200px;"></v-chart>
    </div>
    <div>
        <div style="font-size: 15px; font-weight: 900; margin-left: 80px;
margin-top: 10px;">总销售额（¥）：{{ billDataOptions.allCount }}</div>
        <v-chart :option="billDataOptions" style="height: 200px;"></v-chart>
    </div>
    <div>
        <div style="font-size: 15px; font-weight: 900; margin-left: 80px;
margin-top: 10px;">总评价数：{{ evaluationCountDataOptions.allCount }}</div>
        <v-chart :option="evaluationCountDataOptions" style="height:
200px;"></v-chart>
```

```
  </div>
</template>
```

其中，将v-chart组件的option选项直接绑定到我们定义好的属性对象，无须配置额外的样式表即可在页面中绘制出统计图表。最终效果如图9-1所示。

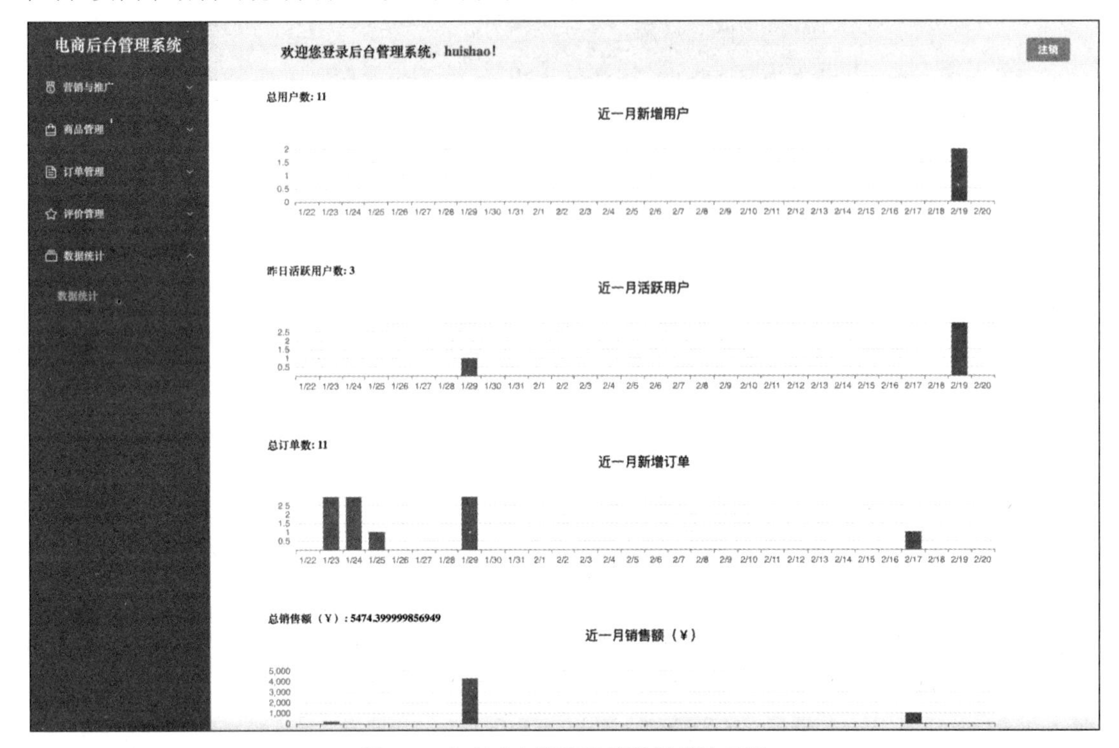

图 9-1　电商后台管理系统数据统计示例

至此，我们完成了电商全栈项目的所有开发任务。回想一下，我们从最初认识前后端的流行框架、搭建项目，到一个一个地实现电商业务中的模块，这个过程并不轻松。但笔者相信，经历过独立完成服务端、用户端和后台管理端三端开发任务的读者，其编程技能和项目理解能力一定有了极大的提升。现在，感受一下项目完成的喜悦吧。

9.2　项目总结

本节将回顾开发电商全栈项目的整体流程以及期间使用到的技术点。

整个项目主要分成了3个部分：服务端、用户端和后台管理端。我们将Vue和Express作为项目开发的主要框架，其中服务端使用Express来构建Web接口服务，用户端和后台管理端使用Vue来搭建前端页面。

在准备章节，我们完成了开发环境的准备以及项目工程框架的介绍。开发Vue应用需要使用一款脚手架工具来搭建工程，本书采用了官方推荐的Vite脚手架工具。当然，Vite除了可以开发Vue应用，也可以开发诸如React.js等基于其他前端框架的应用。在服务端部分，我们也选择了一款脚手架工具——generator-express-no-stress-typescript来搭建Express项目工程。

通过项目的开发实践，读者应该也能体悟到，无论是Vue工程还是Express工程，项目的架构和开发流程都是有规律可循的。

前端的Vue工程的核心任务在于开发独立组件，虽然各个组件的功能不同，但内部逻辑都是进行数据请求、页面搭建和交互处理。独立组件通过路由的组织构成完整的应用，同时也会根据业务需求用到一些特定功能的组件，如状态管理、图表、富文本等。Vue前端应用的开发逻辑如图9-2所示。

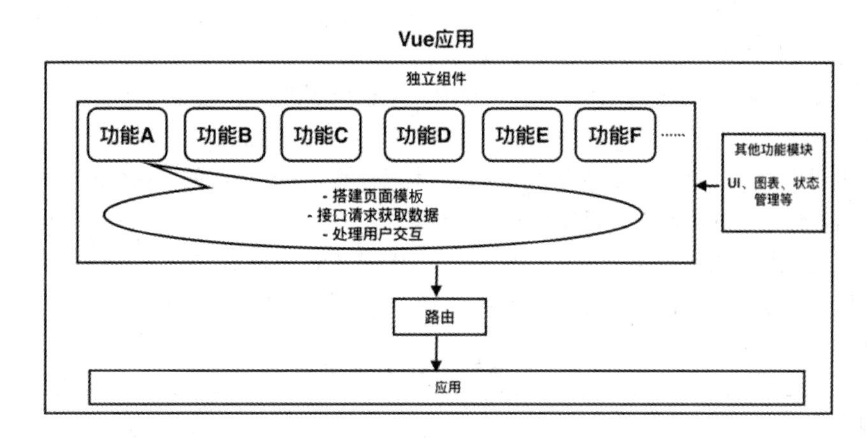

图 9-2　Vue 应用开发逻辑图

对于前端项目，我们最关注的其实是每个独立的功能组件部分。

相比前端，服务端的Express项目的结构化就更加明显了。开发Web服务离不开数据库软件，本书选用了MySQL数据库来存储电商业务数据。流行的数据库软件很多，MySQL是比较传统的一款，且其社区版可以免费使用。服务端项目的整体架构会分为路由层、控制器层、服务层和数据库层，通常核心的业务逻辑在服务层完成。Express应用开发架构如图9-3所示。

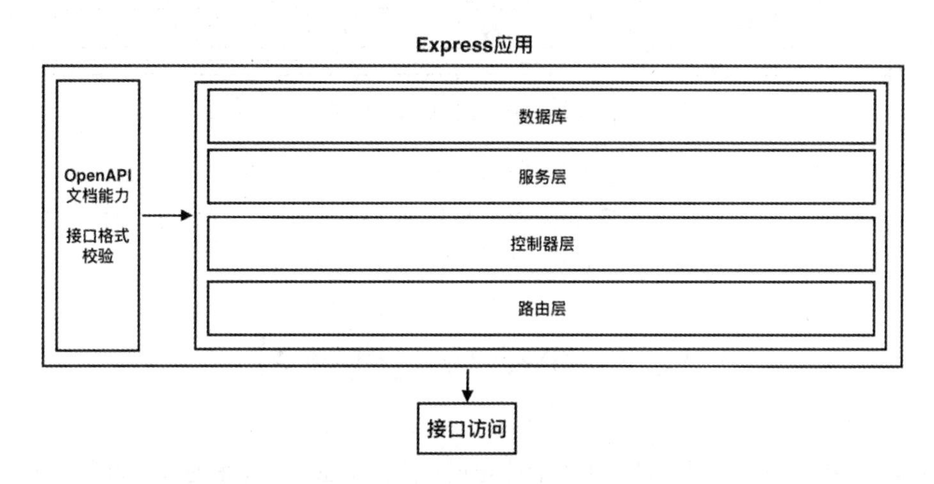

图 9-3　Express 应用开发架构

当然，在实现具体业务时，Express工程也需要引入一些支持框架，如进行数据加密的bcrypt、进行JWT凭证管理的jsonwebtoken等。在开发时，我们的重点是在服务层的逻辑编写上，控制器层只进行参数解析和结果返回，路由层只进行接口任务分发。

在正式进入项目开发前，我们对前后端项目中常用的模块进行了介绍。这些模块是项目开发中必不可少的部分，学会使用它们是后续开发的基础。

在前端部分，我们学习了axios、Element Plus、Vue Router和Pinia。这些基础模块分别处理前端的网络请求、页面搭建、路由和状态管理。它们基本上也是任何一个Vue项目都需要使用的。后续在项目的开发中，我们又学习了支持富文本和图表的模块。

在服务端部分，我们学习了multer、mysql2、jsonwebtoken、bcrypt等，并对文件上传、数据库访问、Token生成和数据加密等功能进行了实践。

本书用了较长篇幅对这些基础模块进行介绍，主要原因在于这些模块不仅适用于电商项目，几乎所有项目都离不开它们，熟练使用这些模块会对之后的开发工作大有裨益。

一个完整的电商项目涉及的功能会非常庞大，本书只摘取了最核心的一些功能模块进行实现。这些功能包括用户体系、营销推广、商品展示、订单系统、评价系统、统计系统。麻雀虽小，但五脏俱全。通过这些功能模块的开发实践，相信读者不仅对Vue+Express的全栈开发技能有了精进，也对电商项目的整体架构有了更深的理解。图9-4总结了我们的电商项目的整体功能结构。

电商系统整体功能图

用户端	服务端	后台管理端
登录注册	登录注册	登录注册
运营位	运营位	运营位
商品分类推荐	类别与商品	商品分类推荐
搜索	搜索	订单系统
购物车与订单系统	订单与评价	评价
评价	数据统计	数据统计

图 9-4　电商系统整体功能图

我们虽然完成了项目，但依然有许多可优化之处。例如，在服务端，接口的健壮性和可扩展性其实并不是很强；在前端，页面的流转和用户的交互能力也比较弱。读者可以抽出一些时间，尝试将此项目做更精益的优化，同时也可以根据自己的想法来进行功能的扩展。

9.3　小结与上机练习

本章实现了后台数据统计模块，并对整个电商项目做了总结。相信通过学习和实践本项目，读者一定可以理解很多编程知识，掌握一个全栈项目的开发流程和所使用的技术栈，这将为读者今后的项目开发打下良好的基础。

练习：自行上机实现本章的后台数据统计模块。